药用植物学野外实习教程

主　编　毛斌斌

副主编　俞　浩　刘汉珍

北京师范大学出版集团
BEIJING NORMAL UNIVERSITY PUBLISHING GROUP
安徽大学出版社

图书在版编目(CIP)数据

药用植物学野外实习教程/毛斌斌主编. —合肥:安徽大学出版社,2020.4
ISBN 978-7-5664-2034-3

Ⅰ.①药… Ⅱ.①毛… Ⅲ.①药用植物学—高等学校—教材 Ⅳ.①Q949.95

中国版本图书馆 CIP 数据核字(2020)第 051035 号

药用植物学野外实习教程

毛斌斌 主编

出版发行:北京师范大学出版集团
 安 徽 大 学 出 版 社
 (安徽省合肥市肥西路 3 号 邮编 230039)
 www. bnupg. com. cn
 www. ahupress. com. cn
印 刷:安徽省人民印刷有限公司
经 销:全国新华书店
开 本:184mm×260mm
印 张:8.25
字 数:149 千字
版 次:2020 年 4 月第 1 版
印 次:2020 年 4 月第 1 次印刷
定 价:25.00 元
ISBN 978-7-5664-2034-3

策划编辑:刘中飞 武溪溪 屈满义		**装帧设计:**李 军	
责任编辑:屈满义 武溪溪		**美术编辑:**李 军	
责任校对:陈玉婷		**责任印制:**陈 如 孟献辉	

本书编委会

主　编　毛斌斌

副主编　俞　浩　刘汉珍

编　者　（按姓氏笔画排序）
　　　　毛斌斌　方艳夕　刘汉珍　陈　浩
　　　　周丽丽　俞　浩

前　言

　　药用植物学野外实习是药用植物学由理论转向实践的部分,也是中药学专业后继相关课程的基础。不同于专业学习中的实验室实践部分,野外实习的实验室是广阔的大自然,在自然界中识药、辨药,获得学识上、身体上和精神上的多重收获,既能巩固课堂所学的理论知识,使之升华为实践动手能力,也能获得关于本草来源的深层思考。从人才培养和学科建设意义上说,药用植物学野外实习承担一定的融汇与贯通的关键作用,是中药学专业最有代表性的课程之一。

　　目前,同类的《药用植物学野外实习教程》配合的是对应理论教材,书中所收录的案例或实践对象大多着眼于全国。而学生实习见不到全国分布的种种实例,很难获得"实践"的收获。一本反映地方或具体实习点特色,选材对象为学校周边分布的药用植物的实习指导书会更贴"地气",使用该类型的教材也是广大一线教师多年来的教学心愿。

　　说到乡土和地方特色,这原是中药的本色。药用植物学的实践课程在创立之初就反映了强烈的乡土特色。清末浙江安吉梅溪人张宗绪在 20 世纪初,勤于采集游学所至和家乡周边的植物标本,尤其是本草专著所载的乡土植物标本,后创立药用植物学。明党参属(*Changium* Wolff)的命名,就是为了纪念他的采集和发现工作。明党参(*Changium smyrnioides* Wolff)是该属唯一一个种,亦是仅分布在华东地区部分省份(江苏、安徽、浙江)丘陵山地的著名道地药材。

　　将《药用植物学野外实习教程》与学校周边、实习点分布的中药资源结合,既是回归中药本源,也是对教学资源的合理配置。学生通过实践学习,既可以掌握基本分类技能、采集技能、辨别中药来源等一系列专业能力,也可以掌握中药资源调查的基本功,增加对乡土特色中药的发现和发掘能力。

　　本书是安徽科技学院中药学专业药用植物学课程组成员多年来教学经验的探索和总结。感谢安徽科技学院在本书编写过程中给予的大力支持,感谢生命与健康科学学院领导的支持和帮助;感谢第四次全国中药资源普查安徽省普查办公室给予的技术指导和培训;感谢安徽中医药大学王德群先生在专业方向上提供的引导和教诲;感谢安徽医科大学谢晋老师、安徽中医药大学杨青山老师在成书前提供的支持和帮助;最后,感谢安徽科技学院历届中药学专业同学在实习过程中给予的密切配合,2017 级中药学专业胡小勤、汪健健两位同学提供了部分图片拍摄素材,一并表示感谢。

　　鉴于编者水平有限,书中不当之处在所难免,恳请广大读者批评、指正。

编　者
2019 年 12 月

目　录

第1章　实习准备

1.1　药用植物学野外实习课程的目的和意义

1.1.1　药用植物学野外实习课程定义

药用植物学野外实习课程是中药学专业开设的药用植物学的实践环节课程。本课程与中药学专业后继开设的中药学、中药鉴定学和中药资源学等系列课程密切相关。

实习中培养识药与辨药技能，认识中药质量与生长环境的相关性，是中药学专业学生最基本的能力之一。通过实习，可以认识到影响中药质量的好坏，源头控制是关键。通过深入观察、动手实践可以了解到，中药是从自然中来，受自然因素影响的。药物的活性成分是药用植物为了适应所处的自然条件，拮抗或顺应的产物，是药用植物为了更好地生存而产生的。在长期的观察总结和实践过程中，古人以自然为"实验室"，不断优选试错，系统总结经验，一步步完善这种与自然相适应，巧用、善用自然产物，最终形成了独树一帜的中医药理论体系。在本草传统中，这种通过对自然观察和思考而得到的规律被称为"道"，用眼、心体察的学习过程被称为"观"。这种在开放、充满生机和未知变数环境中的学习过程，也是药用植物学野外实习课程不同于一般实验室操作学习的特别之处。

1.1.2　实习的内容

第一，能够认识一批常用的中药植物，了解其鲜药材特征和野生生长特性。从常见的中药植物入手，先了解其一般分类学中的形态特征，再了解药用部位的形态特征，最后仔细观察该种植物在自然分布中的偏好，进而理解其功效特点。

第二，为了更有效率地观察和学习，需要掌握药用植物学野外工作的一般方法，包括标本的采集和制作方法、野外标本的保存和记录，以及数字信息的采集、整理和图片编辑方法。

第三，熟悉中药植物资源调查的一般方法与流程，能够对身边环境中的常用中药资源进行初步调查和样品收集。实习过程基本为小组调查采集过程，小组成员各有分工，应具备一般中药资源调查的组织条件。小组围绕实习目标任务，通过采集标本和图片信息、鉴定和制作，完成实习。所以，个人在组内就需要深度参与和熟悉中药资源调查工作。

第四，掌握野外考察常用工具的使用方法。实习过程中需要预先设计和安排调查区域和调查路线，或对每日出行的区域和调查线路进行整理和描绘，掌握一些地理信息数字设备的使用方法，如 GPS 定位仪、轨迹记录仪等。小组需要学会使用数码相机或其他便携影像记录设备采集数字图像信息，掌握有效记录影像，编辑、整理数字图片等技能。能熟练使用各种植物检索工具对采集来的实物标本和数字影像材料进行初步鉴定。

除此以外，野外实习的开展场所为国家级自然保护区，还需要学习保护区野生动植物保护法规和各项管理规定；野外工作时需要应对突发的各种身体伤害，需要学习伤害的有效规避及正确处理方法；实习任务和考核强调小组和个人的配合，需要学会团结同学、积极交流等。

1.1.3　实习的目的

1.1.3.1　培养科学的思维方法和实事求是的科学态度

将所学理论具体化，并应用在实践观察和思考中，再用于新的探索，以观察出的客观事实为基础，尝试理解自然界中各种生命独特的生存、生活智慧。这种能力就是基本的科学探索能力，这种务实求真的态度就是科学的态度。

1.1.3.2　训练野外观察能力

野外实习主要通过观察植物分类特征，掌握分类特点和技巧。观察并不仅仅是随心所欲地观看，而是在一定的规律指导下进行的。遇到陌生植物，首先要从草本、木本的整体形态开始观察，然后留意根、茎、叶、花、果实、种子的特点。在野外工作中，往往先观察植物的营养器官，如从叶片等易变的器官着手，从叶序开始，按照植物生长发生的顺序，依次从托叶的有无、形态，叶柄的特征，叶片整体形态，叶片在叶序上的变化规律，叶基形态、叶缘特点、叶脉形态等逐一进行观察，并养成记录习惯。通过从整体到局部、从特点到规律的有序观察训练，逐渐培养成高效、准确抓住特征的植物识别能力。

在标本制作和鉴定过程中，要着重对花序、果序、花结构和果结构进行观察，认真记录各部分特点和重要特征，通过比对相似标本和检索工具书对植物特点进行识别。

除此以外，还可对药用植物的药用器官进行眼观、鼻嗅等感官认识，甚至可以在教师指导下通过浅尝部分药用植物，来加深认知。同时，努力观察植物野生分布周围环境的特点。总之，野外实习观察需要调动一切感官，并且需要从心而为。

1.1.3.3　培养团队协作精神与吃苦耐劳的品质

野外实习课程安排很紧，不仅对身体素质有较高要求，而且需要师生、同学之间团结与合作,在突发状况时服从指挥。实习任务要求上交实物材料、电子图片、调查名录和调查报告。若要在有限的时间内完成这些工作,则需要小组成员间分工协作、各司其职。

在教师的帮助下,各实习小组独立完成实习任务,可使每个人都获得技能、增长见闻和开拓思维。

1.1.3.4 体会人与自然的和谐共处之道

野外实习时大部分时间身处保护区,物质条件匮乏,诸如网络条件差,导致生活和学习有所不便。与城镇人工环境相比,自然环境多样、易变,甚至不受控制和掌握。

在实习过程中学习和自然的相处之道,首先,要顺应自然,调整好作息。工作和学习时间要有规律,饮食不挑剔,和山民同吃同住,尊重当地人的生活习惯。其次,要学习适应高海拔山区早晚寒凉、中午炎热、整体冷湿的气候条件。高强度野外工作时饮水、就餐要注意卫生习惯。采集标本和观察生态要学会尽量不干扰、不贪求,克制节用。偶遇濒危珍稀物种要做好拍摄和记录工作,并保护原有生态环境不受干扰,不擅自公开和宣传该物种所在地的地理位置信息。偶遇野生动物要主动避让,不嬉闹、不惊吓。

使用好手中的记录工具,在完成实习任务的前提下,欣赏和描摹自然的壮阔、瑰丽以及不同物种独特的美感,进而理解生物世界多样性中蕴含的和谐之美、和谐之道。

1.1.3.5 认识野外工作与生活的特点

野外工作受天气、地理条件等自然要素影响较大。为保证在规定时间内完成实习的全部教学内容,并克服可能遇到不可抗因素的影响,需要实习团队做到:能早完成的不轻易拖延;能完成好的要尽全力做好;能坚持克服的不轻易退缩;小组成员、师生共进共退。

实习本身就是一个不断遭遇困难、不断克服和解决困难的过程。实习期间遭遇野外灾害(如野生动物影响、山体垮塌、洪水、运动伤害、雷电等)的几率比较大,更需要参加实习的同学坚定在身体和精神上克服困难、勇攀高峰的意志力。

在实习中,也会遇到许多不尽如人意的问题,比如环境的污染和破坏及生物多样性减少、盲目开发、中药资源枯竭等。这会激发同学们解决这些问题以及为之行动的热情。专业训练和学习的目的之一,就是为了解决这些不尽合理的问题。

1.2 实习的基本要求

野外实习分为三个阶段:第一阶段是学校周边丘陵实习(热身准备),第二阶段是鹞落坪国家级自然保护区野外实习,第三阶段是内业整理。其中,第一阶段和第三阶段均在校内完成,第二阶段在野外完成。

1.2.1　遵守实习纪律及各项规章制度

实习期间,学习环境相对开放,教师教学主要在室外开展,室内教学以交流讨论居多,不仅要求个人遵守常规的课堂纪律,还要求各组以团队为单位活动,紧跟带队老师和向导,及时跟进教学安排,不掉队,不单独行动。

在保护区实习还需要熟悉和遵守国家相关野生动植物管理法规和办法、保护区的各项管理规定(具体内容见第3章3.2.1),不乱采滥挖,不干扰、破坏野生动植物栖息地。在长途采集中,一切听指挥,任何在野外出现的争议和问题,务必回到营地或学校协商解决,不能在野外环境下处理。

1.2.2　第一阶段的准备工作

1.2.2.1　实习小组的磨合

通过学校周边丘陵(独山、小九华山、城山、宝盒山和蚂蚁山)和中药科技园等半野生环境的实地操练,组织、磨合好实习小组内的人员。由于实习考核中有小组整体成绩的要求,因此,需要组织好最佳的队伍。选择好适合自己能力、特长和工作习惯的小组,是顺利完成实习的基础。根据以往实习经验,建议每个实习小组人员控制在6~11人。

1.2.2.2　熟悉实习基本工作流程和相关工具与器材的使用

采集标本需要用到一系列的工具,包括野外采掘、裁剪、包装、记录、压制、干燥、卫星定位等工具以及常用药品。各组需要根据组员多少和采集能力从实验室申领采集工具,做好实习期间工具、器材的维护工作,并在实习结束后统一归还。

采集数字图像信息需要各组自行准备适合拍摄的设备和笔记本电脑。拍摄设备可选择高像素手机或单反、微单相机等,拍摄图片包括植物生长环境、群落、植株整体形态、植物各器官特写(根、茎、叶序、叶、花序、花、果实和种子)等。由于实习周期长,各组拍摄量大,获得的数字图像需要及时备份保存和鉴定整理,因此,各组至少需要携带一台存储空间足够的笔记本电脑。如果使用专业拍摄设备的RAW底片格式,要单独准备移动硬盘扩充存储空间。实习期间有大量组内和组间交流,各组准备的笔记本电脑需要和实习课题组携带的投影设备连接,建议携带的笔记本电脑最好具有VGA或HDMI图像输出接口。

借阅《安徽植物志》(1~5卷)等地方植物志书籍。植物志类工具书是植物鉴定工作重要的参考依据,也是在没有模式标本等参照情况下的重要鉴定依据。实习期间工具书使用频率高,各组需要独立准备,可以提前从学校图书馆借阅。此外,检索常用的《中国植物志》全文电子版、中国数字植物标本馆等网站,需要提前保存或收藏网址,方便随时用手机、平板电脑等终端设备查阅。

尽量避免使用植物智能识别软件。准确的智能识别需要两个重要条件:丰富而庞大的植物图像信息库和完备的图形识别运算方法。信息库需要针对具体地区,需要"乡土化"。而目前流行的识别软件还不具备这种用于精确检索的信息库。在植物图像数据库不完善的情况下,智能识别的结果往往参差不齐。另外,从实习的目的看,实习可培养基本的鉴定和检索能力,这个基本能力的培养需要通过脚踏实地地采集与鉴定来完成。通过该过程形成分类意识和观念,养成观察与鉴定工作习惯。这些意识和习惯的形成需要一定的工作流程来保障,智能识别软件的使用往往会将使用者变成答案的获得者,对分类能力的培养是有害无益的。因此,不建议使用植物智能识别软件来进行学习。

1.2.3 第二阶段的学习要求

1.2.3.1 认真投入、多提问题和及时记录

实习期间安排有集中教学和分组讨论学习,受场地、天气因素的影响,需要参与者认真投入。为确保顺利完成实习教学安排和考核,实习期间需要个人紧随小组,小组紧跟带队教师。

积极提问,不懂就问。在自然环境下的观察和学习有太多随机和不确定性,及时、积极地把遇到的疑问和感兴趣的话题带入教学中,对整个实习团队是有益的。

实习期较长,小组和个人需要完成多项实习任务,所以,每天认真记录教师的讲解、小组的讨论以及个人的思考,不仅有助于丰富个人日志和总结材料,而且有助于形成科学的观察和思考习惯。

1.2.3.2 合作完成小组的调查任务、采集任务和文字材料

实习小组需要在认真调查的基础上,采集植物腊叶标本(标本要能反映所调查地区的常见药用植物资源状况),拍摄与标本相对应的系列彩色植物图片,还要完成有图有文的调查报告。报告内容为各组实际调查情况,包括药用植物资源名录、资源现状、特色药用植物观察与分析、小组调查的收获与体会等。

1.2.3.3 独立完成个人实习日志与实习总结报告

除完成小组实习任务和材料外,每位同学还需要完成个人实习日志。实习日志需要反映每日采集的工作过程、观察采集结果,认真总结个人的收获与体会。由于实习周期较长,因此,日志撰写需要每天坚持。在完成全部实习任务后,撰写一篇实习总结报告,内容为实习中重要的事件回顾、总结与分析,以及个人的收获与体会,分析问题的原因和不足。

小组材料要求各组独立完成。个人材料要求内容真实,言之有物。

1.2.4　第三阶段的学习要求

第三阶段为内业整理,需要完成腊叶标本的干燥、消毒、装订、鉴定和上交工作。这也是实习的最后阶段,所完成和上交的各项实物与图文材料关系到个人的考核结果。首先,各小组在标本制作室内完成标本制作和鉴定,经过实习教师评阅后,将符合上交要求的标本材料上交至标本馆保存;同时,需要附带经过排序整理的名录一份。其次,上交小组拍摄的图片,全部图片需要经过鉴定、命名后上交,图片格式为.jpg。最后,在规定时间内完善并完成实习日志和实习总结。

1.3　实习教学内容与时间安排

根据采集任务和考核要求,实习的教学形式主要有培训授课、野外教学、分组与集中讨论等。第一阶段实习教学主要以培训为主,培训内容如下。

1.3.1　野外采集规范与常识

培训的主要内容有:

(1)采集区域与路线的规划(了解主要的采集地点和安全采集线路)。

(2)采集需要携带的器材和工具(携带合适的器材和工具)。

(3)采集规范(掌握采集的规范要求与标本质量的关系)。

(4)记录与采集吊牌的编号规范(掌握原始采集记录表的使用和采集吊牌的编号规则)。

(5)标本的野外临时保存与运输(了解不同种类植物花果的临时保存和运输注意事项)。

(6)标本压制与初步鉴定等(掌握标本的压制、基本的鉴定流程与内容)。

1.3.2　标本制作

标本制作主要学习植物腊叶标本的制作流程和初步分类保管方法,主要内容有:

(1)标本的清洗与修剪。

(2)压制与固定。

(3)干燥与消毒。

(4)装订。

(5)初步鉴定。

(6)粘贴原始采集记录表与鉴定签规范。

1.3.3 中药资源调查方法

实习中的采集工作会涉及资源调查的工作内容和方法,故针对小组采集,介绍中药资源调查的一般思路和方法。

(1)路线调查、样方样地抽样调查。

(2)中药生态的观察。了解中药植物分布与小环境、小生态的关系;认识中药植物在垂直分布中的形态变化;掌握不同种类中药植物的分布、数量、生活习性,以及与环境的关系。

(3)调查当地常用民间中药栽培与中药的应用与资源分布状况,并做好调查记录。

(4)掌握野外 GPS 定位仪、轨迹记录仪等地理信息设备及相关软件的使用。

1.3.4 植物拍摄

植物图片的采集是实习中重要的采集任务之一,也是增进教学交流和丰富数字植物图片库的重要工作。培训的目的是利用好手机和专业拍摄设备,使拍出的图片既满足鉴定需求,也具备一定的观赏性。

(1)通过植物分类和鉴定学习,明确拍摄意图。

(2)明确中药植物拍摄的内容。

(3)了解拍摄三要素:光圈、快门和感光度(ISO)。

(4)构图训练。

(5)影响画面清晰锐利的主要拍摄问题分析。

1.3.5 植物分类与鉴定

采集的标本需要经过两次鉴定:采集时的初步鉴别判断和内业工作时的鉴定签书写。分类与鉴定培训主要分为常见植物识别(主要为被子植物、裸子植物和蕨类植物)、常见中药植物识别和内业鉴定一般工作流程。植物识别的培训目标是建立常见药用植物科、属的分类特征概念。内业鉴定工作主要是培养植物检索能力,加深对植物科、属、种特征的印象。通过分类与鉴定培训,掌握常见植物的基本识别特征,并能识别一定数量的常见中药植物。

第二阶段(校外部分)实习:每日上午或者全天进行采集、观察活动,下午或者晚上开展讨论教学,最后一天为考核日,考核对象为个人。具体实习内容与时间安排见表1-1。

表1-1　实习内容与时间安排

实习阶段		实习项目	内容提要	主要设备与器材	地点
第一阶段		实习准备	1.实习动员、人员分组 2.实习基本内容讲解、实习器具准备 3.查阅网络信息,借阅相关书籍 4.个人物品准备	轨迹记录仪、对讲机、手镐、记录板夹、放大镜等	校内
			小组准备及个人准备	个人用品	
		校内培训	集中培训及小组磨合训练,上交校内调查小组作业	标本夹等	
第二阶段	第一天上午	出发	安排住宿,熟悉实习营地环境		校外
	第一天下午	采集预备演练	就近采集、观察、识别、鉴定、制作动植物标本;相关方法讲解	相机、采集工具等	
	第一天晚上	标本整理、观察、识别和鉴定	观察、识别、鉴定、制作植物标本	相机、采集工具等	
	实习日上午	标本采集与观察	1.药用植物生态环境观察 2.植物采集、识别与标本压制	相机、采集工具等	
	实习日下午	标本整理、观察、识别和鉴定	1.观察、鉴别与压制标本 2.整理调查记录 3.小组交流讨论	相机、采集工具等	
	实习日晚上	讨论课	组间讨论交流	植物志等	
	最后一天上午	个人考核	100种药用植物识别考核		
第三阶段		完成标本制作	完善标本、图片及文字材料		校内
		上交实物、图文材料	交还实验室借用物品、器材及资料		

1.4　实习结束需要提交的材料

实习结束提交的材料是考核实习成绩的重要依据,主要包括实物与图文两大部分。

1.4.1　实物材料

各实习小组需要独立完成本组调查任务,包括所在学校周边常见药用植物调查和鹞落坪保护区常见药用植物调查。在完成调查的基础上,上交实物材料(实物材料为小组采集情况的反映),经考察后计入小组成绩。

实物材料包括鹞落坪保护区至少 100 号、200 份植物腊叶标本,建议一号为一种(包括种下等级),同种植物切勿反复采集。

1.4.2　图文材料

小组需要上交的图文材料有:

(1)图片材料。300 种药用植物图片,单张图片大小不低于 3 MB。其中,上交的 100 号腊叶标本必须有对应的彩色植物图片,图片格式为.jpg。如果拍摄设备输出为其他格式,则需要转为.jpg 格式,如数码单反、无反相机拍摄为 Raw 底片格式,需要用 Lightroom 或 Photoshop 等软件进行转换。

(2)轨迹材料。各小组每日的轨迹文件导出格式为 KMZ。

(3)文字材料。"安徽科技学院凤阳校区春夏季常见药用植物调查名录"(PowerPoint 图文版)一份、"鹞落坪保护区药用植物调查名录"(文字名录和PowerPoint 图文版各一份)。鹞落坪保护区的调查名录中,需要标示出各组采集标本对应的种。所有名录内容需要按照改进后的恩格勒分类系统(即《安徽植物志》的排序顺序)进行排序。

个人需要上交的文字材料有:

(1)个人实习日志。实习日志包含每日实习的时间、小组同行人员姓名、每日采集轨迹图(鹞落坪保护区野外实习期间需要附上)、文字描述或附图片描述采集地区环境特点、每天的采集记录(记录药用植物科名、属名,种中文名、拉丁文名,药用部位特征描述等)、每日收获与感受。

(2)个人实习总结。实习总结需包含小组采集经历总结,对采集、观察过程中出现的问题分析,工作不足之处总结,实习收获与感悟,对实习改进的想法和建议。

1.5　参考资料

1.5.1　教材

王德群,谈献和.药用植物学.北京:科学出版社,2010.

马炜梁.植物学.北京:高等教育出版社,2009.

王德群.药用植物生态学.北京:中国中医药出版社,2006.

王德群,彭代银,彭华胜,等.药用植物教学践行录.北京:科学出版社,2014.

1.5.2　主要参考书

冯志坚,周秀佳,马炜梁,等.植物学野外实习手册.上海:上海教育出版社,1993.

傅立国,陈潭清,郎楷永,等.中国高等植物(修订版).青岛:青岛出版社,2012.

詹姆斯·吉·哈里斯,米琳达·沃尔芙·哈里斯著,王宇飞等译.图解植物学词典.北京:科学出版社,2001.

丁炳扬,潘承文.天目山植物学实习手册.杭州:浙江大学出版社,2003.

华东师范大学,上海师范学院.种子植物属种检索表(上、下册).北京:人民教育出版社,1980.

王德群.神农本草经图考.北京:北京科学技术出版社,2017.

安徽植物志协作组.安徽植物志(1~5卷).合肥:安徽科学技术出版社,1993.

江苏省植物研究所.江苏植物志(上、下卷).南京:江苏人民出版社,1977.

谢宗万.中药品种理论与应用.北京:人民卫生出版社,2010.

陈俊愉,程绪柯.中国花经.上海:上海文化出版社,1990.

美国纽约摄影学院.美国纽约摄影学院摄影教材.北京:中国摄影出版社,2009.

本·克莱门茨,大卫·罗森菲尔德著.姜雯,林少忠,李孝贤译.摄影构图学.北京:长城出版社,1983.

1.5.3　相关网站

《中国植物志》全文电子版(FRPS)网站:www.iplant.cn/frps

中国数字植物标本馆(CVH)网站:http://www.cvh.org.cn/

《中国植物志》英文修订版(Flora of China)网站:www.iplant/foc/

中国珍稀濒危植物信息系统:http://rep.iplant.cn/

中国外来物种入侵信息系统:http://ias.iplant.cn/

1.6　岳西县鹞落坪国家级自然保护区

1.6.1　地理位置

鹞落坪国家级自然保护区位于安徽省西部岳西县境内,北与安徽省霍山县接壤,西与湖北省英山县毗邻。保护区地处大别山主峰江淮分水岭,其地理位置为北纬 30°57′~31°06′,东经 116°02′20″~116°10′53″,保护区总面积为 123 km²,覆盖安徽省岳西县包家乡全境。其中核心区 21.2 km²,缓冲区 28.4 km²,实验区 73.4 km²。该保护区主要保护大别山区具有典型代表性的森林生态系统及种类繁多的国家珍稀濒危野生动植物,同时保护淮河流域磨子潭和佛子岭水库的重要水源涵养林。1999 年,鹞落坪国家级自然保护区被吸纳成为中国生物圈保护区网络成员。

图 1-1　鹞落坪国家级自然保护区主峰多枝尖与实习营地位置

1.6.2　气候带

鹞落坪国家级自然保护区地处北亚热带,是北亚热带向暖温带的过渡区。"南北过渡,襟带东西"的地理位置决定了"夏雨冬雪春秋雾"的气候特点。冬寒夏凉,年均气温为 12.7 ℃,夏季 7 月份的气温常低于 23 ℃,昼夜温差较大。

鹞落坪保护区成立于 1991 年 12 月,1994 年 4 月晋升为国家级自然保护区。古老的地质历史,复杂的生态环境,形成了独特多样的生物资源及自然景观。

1.6.3　动植物特点

鹞落坪国家级自然保护区内保存有大批珍稀、古老孑遗物种和典型多样性的生物群落,以及近 40 种国家重点保护珍稀野生动植物物种,如香果树、领春木、鹅掌楸、天女花、厚朴、金钱豹、大鲵、原麝、勺鸡、白冠长尾雉等,也是大别山五针松、多枝杜鹃、鹞落坪半夏(已归并)、原麝(安徽亚种)、勺鸡(安徽亚种)等几十种地方特有动植物发展和繁衍的场所。

1.6.4　淮河水系水源涵养地

鹞落坪国家级自然保护区是大别山降水高值区,降雨量丰富,年降雨量为 1400～2000 mm,区内森林植被覆盖率超过 90%;有近 1500 万 m^3 的涵养水源,每年有 1.22 亿 m^3 的优质地表水注入淮河主要支流淠河,是淮河流域淠史杭灌溉工程、长江流域皖河水系多条河流的源头。

1.6.5　岳西县鹞落坪药材场

该场位于岳西县美丽乡西南侧的鹞落坪村,始建于 1960 年,原为岳西县药材公司鹞落坪药材培植场。同年,药材培植场试验栽培东北人参。1967 年,首批人参收获。1970 年,开展野生天麻改家种试验,并获得成功。1973 年,为了提高主产品人参的知名度,更名为岳西县人参场,原国家商业部拨专款征购 333500 m^2 山场作为培植人参基地。1980 年,全场职工 30 余人,年种植面积 133400 m^2 以上。1985 年,职工人数为 7 人,因人参逐渐减产,又更名为岳西县鹞落坪药材场,种植面积 20010 m^2。20 世纪 90 年代以后,药材厂逐渐停止生产。

图 1-2　鹞落坪国家级自然保护区自然环境(小歧岭遥望多枝尖)

第 2 章　实习组织与纪律要求

2.1　实习组织结构与分组原则

2.1.1　实习组织结构

经学校实习课程组商议,推选一名实习负责人,统筹安排实习期间主要教学活动。小组实习活动需要在实习教师的安排和带领下开展。

实习的基本单元是实习小组,每个小组推选一名组长、一名书记员。组长负责全组实习活动,沟通组内工作,传达实习信息。书记员负责野外原始采集记录表和吊牌的填写、野外教学文字材料的记录、讨论课的记录工作,跟踪和监督本组的采集进度。此外,野外工作时,组内设有拍摄(建议 1～2 人负责)、采集、包装与运输四个岗位。室内工作环节由组长协调分配。

2.1.2　实习分组

2.1.2.1　分组原则

不同于室内工作,野外实习考验体力和脑力,对人员配合和分工要求较高,故分组采取自愿组合原则。为使组内人尽其力,原则上每组人数不少于 6 人,不超过 11 人。组长与书记员由组员共同推举产生,组长负责沟通与统筹,书记员负责监控全组工作进度,其余岗位自荐承担。各组活动需在实习教师的指导下进行。

2.1.2.2　分组建议

良好的小组搭配是顺利完成实习任务和考核的基础。野外工作强度大,工作场地变化快,对身体素质有一定要求,体力搭配很重要。建议各小组充分考虑身体条件、性格特点与岗位要求等因素来组织成员,避免单一性别的组合。

校内实习阶段可以视为野外实习的预演,是小组成员的磨合期。磨合期内,人员可在组间流动,组内分工也可自由调整。调整完成时间为野外出行前一天。实习分组及人员结构表见表 2-1。

表 2-1　实习分组及人员结构表

实习负责人：	实习教师：	第一组	组长：	联系电话：
			书记员：	联系电话：
			拍摄：	联系电话：
			采集：	联系电话：
			包装：	联系电话：
			运输：	联系电话：
	实习教师：	第二组	组长：	联系电话：
			书记员：	联系电话：
			拍摄：	联系电话：
			采集：	联系电话：
			包装：	联系电话：
			运输：	联系电话：
		第三组	组长：	联系电话：
			书记员：	联系电话：
			拍摄：	联系电话：
			采集：	联系电话：
			包装：	联系电话：
			运输：	联系电话：
	实习教师：	第四组	组长：	联系电话：
			书记员：	联系电话：
			拍摄：	联系电话：
			采集：	联系电话：
			包装：	联系电话：
			运输：	联系电话：
		第五组	组长：	联系电话：
			书记员：	联系电话：
			拍摄：	联系电话：
			采集：	联系电话：
			包装：	联系电话：
			运输：	联系电话：

续表

实习教师：	第六组	组长：	联系电话：
		书记员：	联系电话：
		拍摄：	联系电话：
		采集：	联系电话：
		包装：	联系电话：
		运输：	联系电话：

2.2　野外实习作息时间

为确保野外工作时大家精神饱满、精力充沛,需要实习团队遵守统一的作息制度,见表 2-2。如遭遇特殊天气及突发事件,具体时间调整以实习负责人发布为准。

表 2-2　野外实习作息时间表

时　间	作　息
7:00	起床
7:15～7:45	早餐
8:00～11:00	实习
11:30～12:00	午餐
12:00～13:45	午休
14:00～17:30	实习
18:00～18:30	晚餐
19:00～22:30	讨论交流
23:30	熄灯休息

2.3　个人物品准备

为确保实习安全顺利,保证实习期间生活方便,携带个人物品尽量以轻简方便为原则。提前准备好以下物品:

(1)长袖、有领上衣或外套(共需两套替换,军训作训服较好)。

(2)登山鞋或防滑运动鞋(最好两双);非弹力长筒袜一双(防蚂蟥)。

(3)雨具(女生携带雨伞最好)。

(4)1 L 以上个人饮水容器,如保温杯、饮水袋等(为减轻负重,避免携带玻璃杯等较重容器）。

（5）记录用铅笔、橡皮、笔记本或纸张（铅笔书写的文字不易被雨水泡模糊）。

（6）证件，如教师证、学生证、身份证等。

（7）抗过敏药、哮喘药、救心丸、降压药等（其余应急药品由实习课程组携带）。

（8）数码相机、平板电脑或笔记本电脑等（拍摄任务较重时，需要准备备用电池）。

（9）细针（用于挑刺）。

野外实习前请做好个人卫生，剪掉过长的手、脚指（趾）甲，身体不适时务必及时和带队老师联系，协商处理。

2.4　野外实习守则

实习过程是向自然学习的过程，是理解本草来源的过程。为更好地与自然相处，安全高效地完成实习教学活动，野外实习期间需要学生共同遵守工作、生活的行为规则。

2.4.1　与环境相处

（1）尊重自然，爱护生态环境，不在野外留下任何不可自然降解或难以降解的物品；不破坏实习地点的生态。

（2）只采集常见及指定数量的植物标本，根据需要，够用即可，绝不多采。核心区不允许采集标本，严禁采集受保护的珍稀、濒危物种，可拍摄下影像素材。

（3）偶遇野生动物，无须惊慌，不要滋扰小型动物，主动避让大型动物。

（4）确保森林安全，严禁使用火种，发现火患及时向带队教师或保护区管委会报告。

（5）严禁垂钓、游泳及在水库附近嬉闹。

（6）遵守保护区的各项规章制度，遵守实习纪律和规定。

2.4.2　与人相处

（1）团结、友爱、互信、互助。

（2）保持礼貌，尊重当地风俗习惯和宗教习俗，与当地居民保持友好关系。若发生冲突，勿负气处置，应立即联系带队教师予以解决。

（3）一切行动须听带队教师指挥。不擅自活动，必要时，至少要以小队为单位开展，一切个人活动必须上报带队教师。个人如需到营地以外活动，必须报告带队教师，经允许后方可进行。傍晚和夜间不得擅自到营地外活动。

(4)由于野外实习活动的特殊性,因此,实行半军事化的组织和管理方式。学生要服从实习教师的安排和指挥,外出及离开要向实习教师请假。发生问题时,及时找实习教师解决。

(5)爱护当地居民的农作物,不做任何有损居民财物的事情。

(6)严禁争执打架,对于实习教师或实习团队的安排持有异见时,不要在野外处置,待返回营地或学校后及时协调沟通解决。

2.4.3　安全学习

(1)讲究卫生,轮值做好宿舍、工作区域及餐厅的环境清洁工作。

(2)野外活动,安全第一,走路时注意脚下,不低头使用手机,不随便攀爬树木、岩石或陡峭山体。

(3)按时作息,不在实习期间浪费时间。

(4)不浪费食物,按需取用饭菜。

(5)野外使用电子设备时应做好防雨、防潮措施,采集工具应在每日使用后及时清洁、干燥。

(6)爱护实习用具和参考资料,实习结束时如数交还。每队队长有清点及归还借用实验室物品的责任。如有遗失、损毁,应按实验室管理制度处理。

(7)细心观察,认真记录,独立思考。尽全力完成实习任务和要求。

2.5　考核与个人总成绩

2.5.1　成绩说明

(1)个人总成绩以雷达图的面积表示(图 2-1),相对应分数围成的五角星面积为及格成绩,小于此面积为不及格。

(2)个人总成绩由五部分组成:教师评分、个人考核、小组标本、小组照片和日志报告。

(3)每部分成绩分为 5 档,以 10 分为满分,6 分为及格,相应的分数分别计入五级成绩(优秀、良好、中等、及格与不及格)。

(4)校内实习结束前,需要小组提交"安徽科技学院凤阳校区春夏季常见药用植物调查名录"(PowerPoint 图文版)一份,若提交作业不及时或评分不合格,全组人员实习最终成绩直接定为不及格,则将失去校外实习资格,不能参加第二阶段鹞落坪野外实习。

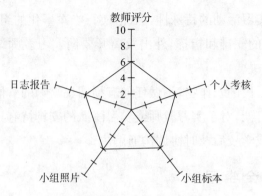

图 2-1　实习个人成绩构成

2.5.2　各部分考核内容与评定标准

2.5.2.1　个人考核流程与内容

个人考核在第二阶段鹞落坪保护区野外实习结束前进行,针对个人进行野外植物识别考核。考核内容为室外指定考试路线的植物识别、室内识别采集的植物和植物图片识别三选一。任意一种考核内容均为识别 100 种药用植物,一种一分。三种考核方式由个人随机抓阄决定,成绩随考随出,计入个人成绩部分。

2.5.2.2　小组标本考核内容与评定标准

小组标本考核针对各实习小组上交的腊叶标本实物。实习小组需要在指定时间内完成腊叶标本材料的上交。所上交的标本需要满足以下要求:

(1)采集方法。①能正确使用海拔仪、坡度计、GPS 定位仪等记录工具,并将记录结果体现在标本原始采集记录表上。②标本具有代表性,可代表该种植物在常见生态环境下一般形态的特征,病株、畸形株、虫害植株一般不作为标本采集材料。③标本必须有花或有果。易脱落部位在台纸上或粘贴装订,或用纸包单独收纳,并固定于台纸上。小型草本、低矮草本植物的地上地下部分需要采集齐全,高大草本植物分别采集上、中、下三部分制作。④采集木本材料有花有果的小枝及入药部位。采集大乔木标本时,台纸上还需要包含该种的树皮材料。单性花个体标本应包含雌、雄花枝条。⑤野外采集记录完整,包含采集时间、地点、经纬度、海拔、环境、特征部位、药用部位等必填内容。

(2)压制规范。①叶疏密合理,有正面叶、反面叶的展示。②较大尺寸材料能根据台纸大小压出"V、N、M"型;植物体没有严重变色失真,脱落部分装在纸袋内。③标本修剪的程度合适,无过度裁剪,无病叶、烂叶。④标本压制干燥、平整、无卷曲,大型花有部分解剖展示。

(3)换纸及烘干干燥及时。标本干燥要求换纸及时,前三天至少每天换一次纸,标本无发霉、潮湿。烘干标本无焦煳、干脆易碎部分。

(4)标本布局合理美观。①标本布局整齐、合理,不过分拥挤,不东倒西歪。固定方法正确,粘贴与装订线装订的布点位置合理,整体观感效果好。②正确填写原始采集记录表、吊牌和鉴定签,垂挂和粘贴位置合理。③标签上的名称和特征描述恰当、准确。

(5)鉴定结果和上交数量。鉴定结果的考核要求各组能够准确鉴定出科与属的名称,基本准确鉴定出种及以下等级的名称,拉丁名称书写正确规范等。小组需要上交至少 100 号、200 份合格标本,重复种的采集不应超过 2 份。

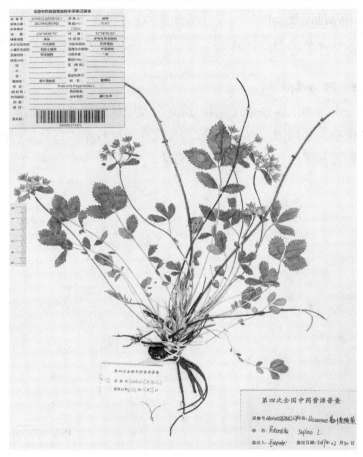

图 2-2 上交腊叶标本书写与装订示范

2.5.2.3 上交照片要求

第三阶段实习结束前,小组需要在指定时间内上交小组拍摄的图片。

(1)每组上交图片不少于 300 张,所有照片以植物种的中文名命名。

(2)图片内容包括校园植物和鹞落坪保护区植物,其中,鹞落坪保护区植物图片需要和上交的腊叶标本相对应,并不少于 100 张。

(3)图片采用.jpg 格式,单张大小不小于 3 MB。

2.5.2.4　日志报告材料

（1）小组调查报告。①针对各组在实习结束后提交的"鹞落坪保护区药用植物调查名录"（文字名录和 PowerPoint 图文版各一份）进行评分，要求调查名录标示出各组采集腊叶标本对应的种，名录内容要按照改进后的恩格勒分类系统（即《安徽植物志》的排序方式）进行排列。②提交轨迹材料：各小组每日的采集轨迹文件能正常在地图浏览软件中显示。

（2）个人实习日志和实习总结。实习结束后要求以班级为单位，在规定时间内上交个人实习日志和实习总结。评定标准为：①内容丰富程度，内容是否符合上交材料要求。②观察细致程度、思考的深度，是否体现出细致的观察和认真的总结。

2.5.2.5　教师评分

教师评分内容和依据包括：①实习期间个人服从纪律与安排情况。②实习过程中是否积极参与小组活动，小组完成和上交各项材料是否在指定时间内。③是否按照要求归还从实验室借出的器材和物品。

第3章 实习知识储备

3.1 野外植物采集鉴定小技巧

不同于实验室标本鉴定,野外采集需要对所采集的样品进行初步的分类判断。野外鉴定需要在野外观察条件下,利用已有的分类知识储备,快速而熟练地作出判断,并记录好可能成为分类依据的物种信息。如何才能提高这种能力呢? 虽然我们已经学过基本的植物学名词和检索方法,但是,植物检索常利用植物花果特征或植物在某一特定时间内的特征来鉴别,而野外实习中,这些特征往往并不完整,如有花无果、有果无花或无花无果等。野外采集往往只能依据植物的营养器官,如植物的茎、叶等,这样单靠检索表就很困难。如何在实习中解决这些问题呢? 除了多积累、多实践外,还包括实习中采集与制作标本的过程,这是提高鉴别能力的最有效手段。

3.1.1 有序观察

在采集标本的过程中,注意全面观察植物的特征,将已经学过的分类学主要特征作为依据,采用层层缩小的办法鉴别所采集植物的科名、属名。植物重要的特征观察是建立在全面观察基础上的,观察习惯的训练要有一定的顺序,如果平时的观察训练是无序的(即不良观察习惯),那么非常容易遗漏一些重要的特征。

这个观察的"序"总结起来就是由整体到局部,按照植物生长特征循序逐次进行。①看植物是草本还是木本,是直立状态还是攀蔓状态。②从根开始,先观察根的特点,然后是茎,包括茎的形状、颜色、质地、附属物等;接着是叶,是什么叶序,托叶的有无、形状,叶柄特征,叶片的特征等;继而观察花序,每朵花的特征,从花萼、花冠或花被片到雄蕊群(花药、花丝、花盘)和雌蕊(柱头、花柱、子房);最后是果序、单个果实特征。③种子特征。观察顺序也可以从整株植物开始,由果实、种子到根。

举例说明:如一株植物有真正的花(能够形成果实),那肯定属于被子植物;如果植物是直根系,并且具有羽状脉或网状脉,则很有可能是双子叶植物。进一步观察发现该植物是草质藤本有卷须且侧生于叶柄基部,或具有叶腋、单性花、侧膜胎座、瓠果等特征,就可以确定是葫芦科植物。若该植物卷须与叶对生,两性花,雄蕊对着花瓣生长,浆果,则不属于葫芦科,而属于葡萄科。继续观察发现植物是草质藤本,鸟趾状复叶,具有卷须,根据《安徽植物志》记载,符合上述特征的只有乌蔹莓属。只要我们能够把握植物的重要分类特征,采用逐层缩小的办法,就可以利用手头的工具书准确查找。

3.1.2　倒序利用检索表查找

检索表一般都是从前往后查找的,查找的过程需要认真、耐心和细致,否则查找到最后,自己不能确定是否查对,而且这种查找方式往往花费时间,在紧张的实习过程中往往难以实现。但是,如果不用检索表,自学能力难以提高。下面介绍一种对初学者省时省力的办法——倒查检索表,具体方法如下。

先找到描述该植物具体特征的页次,细致地阅读书中描述该植物特征的文字,从中逐步纠正自己对植物学名词术语理解不确切之处。这是最重要的训练,因为只有理解确切了,才能够正确地使用检索表。

然后阅读该植物所在属与科的检索表,从中掌握两方面内容,一是反映该属或科植物的共同特征,二是这个类群下各个植物不同之处或相互间鉴别要点。例如,毛茛科毛茛属多种植物之间的鉴别要点在于基生叶的形态、毛的有无及聚合果形态,而花的结构则是这一群体共同的特征。

实习过程中教师往往对多数植物的名称和归属已有讲解,可以利用这些信息,在每天实习休息时间选择几种有花有果、特征明显的植物来练习。在实习期间,这样的练习应该贯穿始终,才能使自主认识植物的能力真正得到提升。

3.1.3　利用植物重点特征提高鉴别科的能力

在实习过程中需要掌握上百种植物特征,而且所遇到的植物往往只有营养器官而无花果,这给自学植物分类带来很大的障碍。为了帮助学生有效地提升植物分类和中药植物鉴定能力,根据以往实习经验和相关资料,拟定一份按植物重点特征归类的清单。依据某些科、属的典型特征能够迅速判断基本分类单元,帮助学生进一步详细鉴定。本清单只针对岳西鹞落坪保护区被子植物部分类群,遗漏部分请自行补充;清单所用科属分类单元依据恩格勒系统。

3.1.3.1　具块根类群
蓼科(何首乌)、毛茛科(乌头属)、萝藦科(牛皮消)、石竹科(孩儿参)、百合科(山麦冬属、沿阶草属、天门冬属)。

3.1.3.2　具块茎、球茎类群
蓼科(金荞麦、支柱蓼)、罂粟科(紫堇属、荷包牡丹属)、天南星科、薯蓣科、姜科、兰科(天麻)。

3.1.3.3　具鳞茎类群
百合科(百合属)、石蒜科。

3.1.3.4　茎方形的科(仅包括草本)

苋科(牛膝属)、金丝桃科(部分)、报春花科(部分)、马鞭草科(部分)、唇形科、玄参科(部分)、茜草科(部分)、爵床科。

3.1.3.5　茎上有刺类群

枝刺:桑科(柘属)、蔷薇科(部分)、豆科(部分)、鼠李科(部分)、胡颓子科(胡颓子属)、柿树科(部分)、茄科(枸杞属)。

皮刺:桑科(葎草属)、蓼科(部分)、蔷薇科(悬钩子属、蔷薇属)、豆科(含羞草属、云实属)、芸香科(花椒属)、葡萄科(刺葡萄)、五加科(五加属、刺楸属、楤木属)、茜草科(茜草属)、川续断科(天目续断)、百合科(菝葜属)。

叶刺、托叶刺或叶柄刺:小檗科(部分)、苋科(刺苋属)、豆科(刺槐属)、鼠李科(枣属)、茜草科(虎刺属)。

3.1.3.6　节及附近膨大成关节状类群(仅包括草本具对生叶的科)

金粟兰科、苋科(牛膝属)、爵床科、透骨草科。

3.1.3.7　具卷须类群

葫芦科(卷须侧生于叶柄基部)、葡萄科(卷须与叶对生)、豆科(野豌豆属)、百合科(菝葜属)。

3.1.3.8　具有色乳汁类群

桑科(桑属、榕属、柘属、构属)、罂粟科(紫堇属、博落回属)、漆树科(漆树属)、大戟科(部分)、萝藦科、桔梗科、菊科(舌状花亚科)。

3.1.3.9　叶或茎有腺体、油点或腺点类群

胡桃科、芸香科、蔷薇科(部分)、豆科(部分)、苦木科(臭椿属)、大戟科(油桐属、乌桕属)、凤仙花科、藤黄科、桃金娘科、紫金牛科、报春花科、马鞭草科(部分)、萝藦科、紫葳科、唇形科(部分)、玄参科(部分)、忍冬科(荚蒾属、接骨草属)。

3.1.3.10　叶盾状着生类群

蓼科(杠板归)、睡莲科、防己科(部分)、小檗科(八角莲属)、蔷薇科(盾叶莓)、大戟科(蓖麻)。

3.1.3.11　互生、羽状复叶(包括羽状三出复叶)类群

木本:胡桃科、小檗科(十大功劳属、南天竺属、牡丹草属)、蔷薇科(花楸属、悬钩子属、蔷薇属)、豆科、芸香科(部分)、苦木科(苦木属、臭椿属)、楝科(楝属、香椿属)、漆树科(黄连木属、盐肤木属、漆树属)、省沽油科(瘿椒树属)、无患子科(无患子属、栾树属)、清风藤科(泡花树属)、五加科(楤木属)。

草本:毛茛科(毛茛属、唐松草属)、小檗科(淫羊藿属)、罂粟科(荷包牡丹属)、十字花科(碎米荠属)、虎耳草科(落新妇属)、蔷薇科(假升麻属、柔毛路边青、委陵菜属、龙牙草属、地榆属)、豆科(部分)、芸香科(松风草属)、茄科

（部分）。

3.1.3.12　互生、掌状复叶（包括掌状三出复叶）类群

木本：木通科、葡萄科（蛇葡萄属、爬山虎属）、五加属。

草本：毛茛科（天葵属）、蔷薇科（委陵菜属、蛇莓属）、豆科（车轴草属）、酢浆草科（酢浆草属）、葡萄科（乌蔹莓属）、葫芦科（绞股蓝属）。

3.1.3.13　具对生复叶类群

马鞭草科（牡荆属）、毛茛科（铁线莲属）、芸香科（黄檗属、吴茱萸属）、省沽油科（省沽油属、野鸦椿属）、槭树科、木犀科（部分）、紫葳科（凌霄花属）、唇形科（鼠尾草属）。

3.1.3.14　具轮生叶类群（仅包括双子叶）

景天科（八宝属、景天属部分）、金鱼藻科（金鱼藻属）、小二仙草科（部分）、五加科（人参属）、玄参科（石龙尾属）、苦苣苔科（部分）、茜草科（茜草属、拉拉藤属）、桔梗科（桔梗、轮叶沙参）。

3.1.3.15　具特殊花冠类群

十字形花冠（十字花科）、蝶形花冠（豆科蝶形花亚科）、假蝶形花冠（豆科云实亚科）、唇形花冠（唇形科、玄参科、爵床科）、漏斗形花冠（旋花科、茄科部分）、钟形花冠（桔梗科）、心形花冠（荷包牡丹）、高脚蝶形花冠（管花鹿药）。

3.1.3.16　具副花冠类群

萝藦科、锦葵科（部分）。

3.1.3.17　具副萼类群

蔷薇科（路边青属、委陵菜属、蛇莓属）、锦葵科（部分）。

3.1.3.18　花有距类群

毛茛科（乌头属、翠雀属、飞燕草属）、罂粟科（紫堇属）、牻牛儿苗科（天竺葵属）、凤仙花科（凤仙花属）、堇菜科（堇菜属）、兰科（大部分）。

3.1.3.19　具典型雄蕊类群

单体雄蕊（锦葵科）、二体雄蕊（9＋1 或 5＋5 型：蝶形花亚科；3＋3 型：罂粟科紫堇属）、多体雄蕊（藤黄科、楝科）、二强雄蕊（唇形科、玄参科）、四强雄蕊（十字花科）、聚药雄蕊（菊科）。

3.1.3.20　叶（苞片）上开花（花序）、结果类群

椴树科（椴树属）、山茱萸科（青荚叶属）。

3.1.3.21　有子房柄类群

豆科（落花生属）、白花菜科、大戟科（大戟属）、芸香科（花椒属）。

3.2　野外实习安全须知

3.2.1　保护区相关法律法规及受保护特色植物

3.2.1.1　与保护区有关的法律法规

(1)《中华人民共和国森林法》。

第一章第四条:森林的分类。

防护林:以防护为主要目的的森林、林木和灌丛,包括水源涵养林,水土保持林,防风固沙林,农田、牧场防护林,护岸林,护路林。

用材林:以生产木材为主要目的的森林和林木,包括以生产竹材为主要目的的竹林。

经济林:以生产果品、食用油料、饮料、调料、工业原料和药材等为主要目的的林木。

薪炭林:以生产燃料为主要目的的林木。

特种用途林:以国防、环境保护、科学实验等为主要目的的森林和林木,包括国防林、实验林、母树林、环境保护林、风景林、名胜古迹和革命纪念地的林木、自然保护区的森林。

第三章第二十四条:国务院林业主管部门和省、自治区、直辖市人民政府,应当在不同自然地带的典型森林生态地区、珍贵动物和植物生长繁殖的林区、天然热带雨林区和具有特殊保护价值的其他天然林区,划定自然保护区,加强保护管理(自然保护区是指为了保护自然环境和自然资源,拯救和保护珍贵稀有或者濒于灭绝的生物物种,保存有价值的自然历史遗迹以及进行科学研究等的需要而划定的区域。对自然保护区进行特殊保护,对于促进科学技术、生产建设、文化教育、卫生保健等事业的发展,具有十分重要的意义)。

第三章第二十五条:林区内列为国家保护的野生动物,禁止捕猎。

(2)《中华人民共和国自然保护区条例》(2011 年 1 月 8 日修订)。

第一章第七条:一切单位和个人都有保护自然保护区内自然环境和自然资源的义务,并有权对破坏、侵占自然保护区的单位和个人进行检举、控告。

第二章第十八条:自然保护区可以分为核心区、缓冲区和实验区;自然保护区内保存完好的天然状态的生态系统以及珍稀、濒危动植物的集中分布地,应当划为核心区,禁止任何单位和个人进入;除依照本条例第二十七条的规定经批准外,也不允许进入从事科学研究活动;核心区外围可以划定一定面积的缓冲区,只准进入从事科学研究观测活动。缓冲区外围划为实验区,可以进入从事科学试验、教学实习、参观考察、旅游以及驯化、繁殖珍稀、濒危野生动植物等活动。

第三章第二十五条：在自然保护区内的单位、居民和经批准进入自然保护区的人员，必须遵守自然保护区的各项管理制度，接受自然保护区管理机构的管理。

第三章第二十七条：禁止任何人进入自然保护区的核心区。因科学研究的需要，必须进入核心区从事科学研究观测、调查活动，应当事先向自然保护区管理机构提交申请和活动计划，并经自然保护区管理机构批准；其中，进入国家级自然保护区核心区，应当经省、自治区、直辖市人民政府有关自然保护区行政主管部门批准。

第三章第二十八条：禁止在自然保护区的缓冲区开展旅游和生产经营活动。因教学科研需要进入自然保护区的缓冲区从事非破坏性的科学研究、教学实习和标本采集活动，应当事先向自然保护区管理机构提交申请和活动计划，经自然保护区管理机构批准。

3.2.1.2　鹞落坪国家级自然保护区受保护的特色植物

(1)1984年首批珍稀濒危保护植物。

Ⅱ级：连香树、独花兰、香果树、杜仲、银杏、鹅掌楸、大别山五针松、金钱松、小勾儿茶、长柄双花木、狭叶瓶尔小草。

Ⅲ级：天竺桂、天目木姜子、短萼黄连、八角莲、领春木、天麻、野大豆、黄山木兰、厚朴、天女花、青檀、白辛树、黄山花楸、紫茎、银鹊树。

(2)1999年国家重点保护野生植物名录收录的植物。

Ⅰ级：银缕梅、银杏、红豆杉。

Ⅱ级：大别山五针松、金钱松、巴山榧树、榧树、连香树、天竺桂、野大豆、鹅掌楸、厚朴、喜树、金荞麦、香果树、黄檗、川黄檗、榉树、樟、浙江楠、舟山新木姜子、红椿、毛红椿、中华结缕草、水蕨。

(3)安徽省重点保护植物及重要植物目录收录的植物。

三尖杉、粗榧、豹皮樟、紫楠、大血藤、青钱柳、米心水青冈、光叶水青冈、长柄水青冈、光叶榉、黄丹木姜子、金缕梅、巨紫荆、交让木、毛柄小勾儿茶、刺楸、安徽楤木、小萼白蜡树、荞麦叶大百合、扇脉杓兰、铁木、安徽械、多枝杜鹃、黄山杜鹃、竹节参、山拐枣、鸡麻、大叶冬青、膀胱果、光叶黄皮树、小叶蜡瓣花、安徽碎米荠、安徽贝母、天目木兰、黄山木兰、天女花、天目木姜子、紫茎、青檀、银鹊树。

(4)国家重点保护野生药材物种名录收录的植物。

Ⅱ级：短萼黄连、杜仲、厚朴、黄檗、黄皮树、光叶黄皮树。

Ⅲ级：天门冬、猪苓、卵叶远志、细辛、华中五味子、山茱萸、连翘、石斛。

大别山特有植物：大别山五针松、多枝杜鹃、白马鼠尾草、美丽鼠尾草、大别山石楠、大别山冬青、霍山香科、大别薹草、突喙薹草、刻鳞薹草、美丽薹草、多枝薹草、长梗胡颓子、凹脉猕猴桃、白花岩生香薷。

3.2.2　野外采集安全事项与应急措施

3.2.2.1　人身安全

(1)5 月份鹞落坪保护区可能出现的伤害源。①气象伤害:雷电、暴雨等。②地质伤害:滑坡、泥石流、滚石等。③生物伤害:毒蛇、野猪、蚂蟥等。④人为伤害:套索、陷阱、捕猎弓弩等。

(2)实习安全守则。①小组集体行动,特殊情况下也应三人或三人以上同行,尽量减少两人同行,严禁单独行动(包括野外方便)。②小组内出现问题应主动与组长沟通,与超过三人及以上组员协商,协调不了的应主动与带队教师沟通,野外环境下必须服从带队教师的一切安排。③调查采集应安排在天气状况良好、地形植被适宜的区域开展,保证天黑前能够返回营地。④组长在每次出发前与返回后清点组员、采集工具、仪器设备、电池等,关注组员身体状况与精神状态,遇事冷静,多与组员商量,紧急情况下应迅速思考,作出决断;野外采集原路返回永远是首选项。⑤组员在野外要听从带队教师、组长的指挥,禁止一切单独行动,一旦发现自己与队伍走散,要保持镇静,并立即停止当前行动,使用通讯工具与队伍、带队教师联络,如无信号源,应寻找信号源,并沿途留下明显痕迹。⑥野外安全用品包括手机、轨迹记录仪、GPS 定位仪、野外急救药品、防滑鞋、草帽、雨具、安全绳、手杖、口哨等。⑦野外工作药品准备,如特需药(防治心脏病、哮喘等病症)、感冒药、抗过敏药、消化不良药、腹泻药、抗生素、外伤药等。

(3)意外伤害与急救。

①意外伤害急救原则。a. 不要惊慌,保持镇静,维持现场及周边秩序。b. 周围环境不危及生命时,一般不轻易移动伤员,暂不给伤员任何饮料与食物。c. 意外现场无人时,应留下照看伤员并大声呼救,不能单独留下伤员而无人照看。d. 如伤员较多,应根据伤情分类急救,先重后轻,先急后缓,先近后远。e. 对呼吸困难、窒息和心跳停止的伤员,迅速置头部于后仰位,托起下颌使呼吸道畅通,同时施行人工呼吸、胸外心脏按压等复苏操作,原地抢救。f. 对伤情稳定、转移途中不会加重伤情的伤员,迅速组织人力,利用各种交通工具转运到医疗单位。g. 现场抢救一切行动必须服从带队教师的统一指挥。

②毒蛇咬伤防护与急救。a. 防护:鹞落坪保护区毒蛇自春暖到晚秋活动,尤其 7~9 月份天气炎热、雨量多时,毒蛇特别活跃,草丛乱石是其藏匿之所,可以通过打草、打树惊蛇。绝大多数毒蛇不会主动攻击人,80%以上蛇伤都是因触碰蛇身或逼近被咬,咬伤脚踝者占半数,咬伤手腕者约占 1/3。b. 急救:被咬后立即杀死毒蛇,保留尸体带至医院;咬伤手指时应结扎指根;咬伤小腿时,结扎膝盖以上。

结扎后每隔10~20 min必须放松 2~3 min。结扎后,用过氧化氢溶液或 1‰高锰酸钾溶液、盐水、肥皂水、清水等清洗伤口;清洗完毕,马上用小刀在伤口及附近扩创,避开血管,随即吸出或挤出创口血液及毒液。

被蕲蛇等抗凝血蛇类咬伤时,严禁使用扩创法,应使用冷水局部降温。急救处理后迅速送伤员(带上死蛇)至医院治疗。

③昆虫咬伤防护与急救。a. 防护:野外工作人员必须穿着长袖有领衣物,扎紧开口;不要在潮湿树荫下及草地上坐卧。b. 急救:被咬后可用清水、氨水、肥皂水、盐水、小苏打水冲洗,并用氧化锌软膏涂抹患处。

被蜱虫咬伤后,严禁拉拽虫体而导致其口器折断,可用酒精涂抹蜱虫头部致其脱落。若被蜱虫咬伤后 10 天内出现发热、关节疼痛、头疼等症状,应及时就医。

蜂类蜇伤多发于夏季,一般情况下蜂类不会主动攻击人,路遇蜂巢最好绕行。蜇伤部位多见于无衣物遮盖部位,特别是头部,戴草帽可有效防护。如遇蜂袭,立即用衣服包紧头颈。被蜇后,立即拔出蜂刺,用力掐住被蜇部位,用嘴反复吮吸(口腔黏膜及牙龈没有出血方可吮吸)。黄蜂蜇伤毒液为碱性,可用醋酸或柠檬水擦涂;蜜蜂蜇伤毒液为酸性,可用小苏打水、肥皂水冲洗。如对蜂毒无特异性过敏,红肿将于 2~3 天内自行消退;出现过敏反应者应及时就医,给予抗组胺药物,注射肾上腺素,必要时加用皮质类固醇激素。

④中暑预防与急救。合理安排外出和室内工作时间,多利用早晚凉爽时间,中午多安排阴凉处休息。中暑症状表现为突然头晕、恶心、昏迷无汗、瞳孔放大、高烧等。发病前常口渴头晕,浑身无力,眼前阵阵发黑。此时,应立即在阴凉通风处平躺,解开衣服,用凉水浇头,使用十滴水、仁丹等药物,如昏迷不醒,应立即送医救治。

⑤感冒预防与治疗。野外着装适当,不可贪凉;外出携带雨具;潮湿衣衫及时换下;早晚注意保暖,如不慎受凉应服姜汤驱寒,并辅以感冒药物。

⑥避免阳光灼伤。避免长时间在阳光直射条件下作业。长袖上衣、宽檐帽(草帽最佳)和防晒霜均可起到一定的防护作用。

⑦防范雷电伤害。户外为雷击伤害高发地。狂风暴雨即将来临时,尽快回到室内。如躲避不及时,可采用以下措施:不靠近铁塔、电线杆、孤立的大树、小棚子和小屋子(避免接触电压与跨步电压伤害);不要站在高处,不要撑伞,寻找地势低洼、干燥处蹲下,两脚并拢;不要同伙伴拉手,卸下身上所有金属物件和工具,避免电弧灼伤,远离水面。

⑧防止滚石伤人。不在悬崖和落石的地方久留。多人前进时,处于上坡的人一定要小心脚下滚石,如有松动,大声提醒后面的人躲避;如队伍处于垂直方向,队伍应于水平方向排开,随时警惕松动的石块。

⑨防范野兽伤人。杜绝单独行动,人多动静大。远离兽巢。

⑩防范山林火灾。林区避免用火,不可吸烟。

⑪常见身体不适的防治。a. 发烧:多休息,多喝开水,服用阿司匹林等药物。b. 脸色苍白:垫高脚部,卧床休息。c. 恶心呕吐:身体俯卧,将右手伸到颌下作枕头,仰面朝天的卧姿会使得呕吐物或唾液堵塞气管。d. 头疼:打喷嚏并觉得浑身发冷、头疼是感冒症状,服药后平静地休息,多穿衣服保暖。内衣汗湿后及时换穿干燥内衣,发热不退可按剂量要求服用退烧药。e. 低血糖:野外随身携带巧克力、糖果,注意饮食及休息。

3.2.2.2　仪器设备与器材安全

器材安全原则:人身安全第一原则,即在人身安全得到保障的前提下保护器材设备安全。

(1)轨迹记录仪。①保证每次野外活动前轨迹记录仪电量充足,并携带好备用电池。②轨迹记录仪在每日出行前应检查设定,在工作状态下锁死界面,防止误操作。③潮湿环境及阴雨天室外工作应注意防水。④每天结束采集工作后,及时导出轨迹,关机并更换电池。

(2)手机、数码单反(无反)相机。①每次出行前应检查相机设置及电池,并准备好备用电池。②保护好镜头,使用相机时应注意防潮防水,避免高温环境下使用。③每天调查结束及时充电及做好图片备份、储存,及时清洁机身及镜头。

(3)采集工具。从实验室申领的采集工具应由组长负责,实习结束后按实验室管理要求完成借还手续,如有损坏及遗失,应由该组组长牵头协调,原物赔偿。各类工具应由小组内分工负责人员携带、维护。①修枝剪、手锯、美工刀等带刃工具使用后应小心清洁刃面,防止生锈。②细雾喷水壶中应装入洁净水源,防止污物堵塞喷头。③标本夹应按照技术培训要求使用,如遇损坏,应由各组自行维修。

3.2.2.3　学会与环境相处

(1)学会与自然环境相处。野外环境不同于人工环境,需要学会仔细观察并欣赏其中的美丽与奥秘,成为自然环境的观察者与守护者。采集工作要做到:观察在先,合理采取,保护环境,爱惜资源。

(2)学会与身边的人相处。①与带队教师相处。教师既是带领者,又是大家最可靠的伙伴,野外遇事听指挥,专业问题多请教,琐事不决慢商议。②与朝夕相伴的队友相处。任何情况下都要信任自己的队友,互敬互爱,相互帮扶,有问题开诚布公,坦诚相待,多一些善意,少一些傲慢与偏见。③与当地老乡相处。尊重私产,尊重习惯。积极了解与专业有关的一切地方知识,借宿在老乡家时,多施以帮手。

3.3　植物鉴定图片拍摄技巧

3.3.1　数字图像与腊叶标本

数字图像可以成为未来的"腊叶标本"吗？结论是：数字图像无法取代腊叶标本。但我们乐观地认为，数字图像可以成为与腊叶标本一样重要的凭证。

实物标本在发明之初就提供了相对稳定的形态、颜色和质地三方面凭据，分类学者借此把握植物分类特征。与传统腊叶标本相比，图像在传达实物质地方面稍逊，而其余两方面则可以和实物标本一样提供借鉴和参考。尤其是颜色，能够准确还原植物鲜活时的样貌。

图 3-1　云实 *Caesalpinia decapetala*（Roth）Alston 数字图像（左）与腊叶标本（右）

3.3.2　理解先于按下快门

3.3.2.1　拍出植物的分类特征

拍摄具备分类借鉴价值的图片，需要事先有一定的植物分类知识储备。植物鉴定拍摄往往需要系列图片，来交代清楚该植物的分类特征，如整体样貌及根、茎、叶、花、果实、种子等方面的特征等。当遇到细微的分类特征时，还需要适当解剖花果，对特征点进行特写拍摄，这需要拍摄者预先明确拍摄对象的分类特点，有目的地进行采集创作。拍摄示例如图 3-2 所示。

从左至右分别为植株整体、花纵剖和聚合果

图 3-2　白头翁 *Pulsatilla chinensis*（Bunge）Regel 拍摄示例

3.3.2.2　拍出药用部位特征

对于中药植物拍摄而言,除了表现出拍摄对象的分类特点以外,还需要对植物的药用部位进行特写拍摄。这需要拍摄者尽可能多地去了解中药鉴定方面的基本常识。拍摄示例如图 3-3 所示。

图 3-3　药用植物的分类特征和药用部位特征特写拍摄示例

3.3.2.3　拍摄好药用植物的生长环境

药用植物除了具备特殊的外在形态外,不少种类还与特殊的生态环境与物候密切相关。如果拍摄出其生长环境或者表达出生长的特定季节细节,那么,整张图片就"活"了起来。拍摄示例如图 3-4 所示。

石龙芮   石蒜   米口袋

桃   夏天无   紫堇

图 3-4 药用植物及其生态与物候拍摄示例

  总体来说,拍摄出的能够用于鉴定的药用植物图片至少包含植物的生长环境、整体、花果、药用部位,以及其他能够帮助分类鉴定的器官特写,如图 3-5 所示。

图 3-5 白茅生长环境、群落、地下部分、根状茎与花序特写

3.3.2.4 表达好拍摄目的

  掌握了植物分类和鉴定常识以后,还需要掌握拍摄设备的特性。图 3-6 所示是部分同学在实习期间拍摄的图片,整体来看,图片都存在一个共同的问题:尚不能熟练掌握设备使用技巧,未明确拍摄的基本要素。所以,首先要解决的问题就是如何掌握手中的设备,表达出拍摄的主体或者目的。

图 3-6　未掌握设备特性拍摄的图片示例

（1）构图、曝光和对焦。无论是手机，还是专业拍摄工具，构图、曝光和对焦都是决定拍摄图片好坏的因素。我们称之为拍摄三要素。

简单地说，构图就是将主体安排进合适背景中的过程，是画面和图形之间的关系。一般情况下，拍摄用于鉴定的植物图片，常将拍摄主体置于画面的中央位置，通过调节其他设备参数（光圈、快门和感光度）达成拍摄意图。多余的主体、多出的背景则通过构图过程直接删减。

曝光决定了画面主体的亮度，合理的曝光使画面主体既不太亮，也不太暗，使拍摄主体更加突出。相比较构图和对焦，曝光是新手遇到的第一个难题，需要在不断的拍摄中熟悉自己手中的器材，才能够运用恰当。

对焦在植物写实的拍摄中最容易操作。用当前的手机和主流数码无反相机拍摄时所见即所得，需要哪里对焦就通过触屏操作或移动对焦点指向哪里即可。只要光线充沛，拍摄时端稳设备，就可以得到一张对焦基本准确的图像。

如果使用专业的数码单反、无反相机，要尽量避免使用全自动对焦模式，使用手动、单点对焦拍摄植物会明显提升合焦效率。

（2）准确曝光。构图在摄影中是一门艺术，但对于鉴定图片拍摄来说，只拍摄单一植物对象，目的在于写实和记录自然，拍摄时可以采用居中构图，如图 3-7 所示。所以，大家在实习期间要多次练习曝光的技巧。影响曝光的三要素分别是光圈、快门和感光度（ISO）。

图 3-7 居中构图

①光圈。光圈值以 F 表示,需要注意的是,F 值越小,通光孔径越大,进光量越大,画面也越亮;反之,F 值越大,画面越暗。除此以外,光圈大小还影响画面的景深。景深可以简单地理解为对焦点及焦点后面能够清晰的距离。光圈越大(F 值越小),画面能够呈现出来的纵深清晰感越小,主体越突出,即"虚化背景,突出主体";反之,光圈越小(F 值越大),画面主体和纵深方向上的图形都能获得较清晰的呈现,如图 3-8 所示。

图 3-8 光圈数值大小影响景深(左图 F5.6,右图 F11)

②快门速度。快门速度就是相机感光元件(CMOS)前幕帘拉起,感光元件感受光线时间长短的度量。快门越快,相机感受光线越少,快门越慢,则能照射更多

的光线。实习中拍摄对象大多是静止不动的植物,可以不用太考虑快门优先这种拍摄模式。如果使用的是可更换镜头的专业拍摄设备,那么在暗光条件下,如在林下、阴雨天、室内光线不足等拍摄环境中工作,且没有三脚架固定辅助装置,则需要将快门设置为安全快门,即快门速度为镜头所用焦段的倒数。如使用 100 mm 焦段的镜头拍摄,快门速度设置为 1/50 s 时则容易出现画面虚焦或对焦点"疲软",合焦面不够锐利的画面。反之,设置 1/150 s 时则很难拍出画面虚糊的图片。

但是,在光圈固定后,过快的快门速度容易使进光量减少,导致画面偏暗或者欠曝。由于野外拍摄常是边走边拍的状态,不太可能每次都随身携带三脚架,想获得正常的曝光,就需要考虑感光度这个要素。

③感光度。感光度在相机上常被标示为 ISO,ISO 数值越大,感光元件的感光能力越强,在暗光环境下拍摄正常曝光的照片可能性越大;反之,ISO 数值越小,拍摄暗光环境的能力越弱。所以,一般情况下,晴天、中午时分等光线条件较强烈的时间拍摄阳光直射对象时,需要降低 ISO 数值,如中午时分阳光下拍摄常设置 ISO100,密林暗光条件下拍摄则提升 ISO 数值。但是,值得注意的是,ISO 数值的提高是有代价的,随着 ISO 数值的提高,画面出现明显颗粒状杂色点的情况就越明显(噪点)。使用过高的 ISO 数值在暗光环境下拍摄,常常导致画面噪点过高,且后期软件无法矫正的画面不清晰,严重时因为画面噪点颗粒过于明显,使拍摄主体严重受干扰,画面整体"疲软"而无法使用。所以,在实际拍摄时,为了使画面锐利纯净,需要适当控制使用过高的 ISO。如晴天光线充足时,常使用 100~400 的 ISO,阴天或光线较暗的林下常使用 800 的 ISO。具体调整数值还需要根据设备条件和拍摄习惯来确定。

(3)多拍才能提高。掌握了影响拍摄的主要因素和相机基本操作技巧后,需要在拍摄实践中反复练习,多拍、多思考才是提高拍摄水平的唯一途径。拍摄不仅仅是按下快门的过程,还是在按下快门前观察和思考,以及按下快门后检视所拍摄图片存在的问题和不足,边拍边想,反复尝试。植物拍摄不同于一般的静物拍摄,其主要任务是拍摄反映自然真实的样貌,要求画面构图合理,色彩表现接近肉眼观察。拍出来、拍清楚是拍摄初学者的主要目标。

3.4　中药植物腊叶标本的采集与制作规范

中药植物腊叶标本的采集要求更多地体现出药用部位的特征,其采集与制作过程符合一般植物标本采集的要求。采集与制作标本的过程,是通过采集制作来认识植物的过程,制作出的标本就是平面化的凭证和依据,也是交流和学习的重要实物材料。

3.4.1　采集前的准备工作

采集标本需要预先了解采集地区和采集路线上的自然环境,针对这些环境特点,携带不同的采集器具、个人物品等。影响采集工作的环境条件有:采集地点是否有较大范围的垂直海拔变化,是否存在大面积沼泽和湿地等水湿环境;采挖区域的地下基质是厚土、砂石还是岩石;阳光照射是否能伤害采集者,等等。这些自然条件影响着采集者,不同环境所需要准备和携带的装备不同。总的来说,有熟悉采集环境的队伍会比盲目出行的队伍工作起来更顺畅。由于采集工作大多在野外进行,对采集队伍的体力和精力要求较高,因此,要做好准备,打"有准备之仗"。

3.4.2　做好采集分工

采集标本需要小组多人参与。合理的分工会让采集事半功倍,通常情况下,一个标准的采集小组要有以下分工。

3.4.2.1　采集者

中药植物中草本植物类型偏多,采集中药植物标本通常需要采掘地下部分,此外,乔木的树皮等也需要采集。所以,采集者常常要随身携带多种采集工具,采集过程对体力要求较高。好的标本大多在采集之初就已成型,这对采集者的植物鉴别基本功和标本制作提出了要求。因而,要挑选队伍中熟悉植物分类并且体格较好的成员承担该项工作。

3.4.2.2　拍摄者

所有采集到的标本都需要拍摄照片并记录,拍摄的照片还可以帮助小组回顾一天的采集经历、采集路线环境、植物的细微性状特征和易变色器官的特征等。拍摄者和小组的记录人员一样,需要了解拍摄对象的特征,对植物分类特征了解越多,所拍摄的图片用于分类的价值就越高。

3.4.2.3　书记员

书记员需要记录的内容有:

(1)采集号(记录采集标本的序号)。

(2)采集时间:记录采集时的年、月、日,如 2013 年 5 月 12 日。

(3)采集地点:记录具体的采集地名,包括村名称、山体名称等,如岳西县鹞落坪保护区多枝尖。

(4)海拔:记录 GPS 定位仪或轨迹记录仪上的详细坐标,如 1124 m,经纬度:E 30°59′01.20″,N 116°05′12.54″。

(5)坡向:山坡面朝的方向(采集坡面的朝向)。

(6)光照条件:阴生、阳生或半阴半阳生。

(7)基质水分条件:旱生、中生、湿生或水生。

(8)植物重要特征描述:如花果形态、颜色、结构等(外形有明显特征的需要记录)。

(9)采集人(采集者可为一人,也可为多人)。

(10)种中文名:如天女花(依据《中国植物志》记录的中文名)。

(11)特殊现象:记录植物容易随着压制腊叶标本改变的形态与颜色等特征,如两年生叶片披垂明显、深绿色。

以上各项中如无内容,可不记录。种中文名是在野外临时判断时所作的记录,可以允许有一定的错误,回到营地或鉴定阶段发现错误以后进行更改,更改时要保留最初采集时记录的名称,以体现原始采集记录的真实性。最后将正确的鉴定结果写入鉴定签。

吊牌和挂绳常为防水材质,采集时直接挂于标本上。其正反两面均可以用铅笔书写,铅笔书写的好处有:一是不怕雨水打湿打糊,二是错误时方便擦除修改。吊牌悬挂位置一般选择在植物根部,切忌将吊牌悬挂在幼枝、花序等部位,否则在运输和拿取过程中极易造成标本损坏。

吊牌两面分别书写植物的采集号和采集人姓名。采集号应与原始采集记录表中的采集号保持一致,其编号格式举例如下:2019101001001-01LY。前六位数字表示采集时间年、月、日;第七、八位的 0、1 表示实习小组的编号;第九、十、十一位数字表采集的号数;-01 表示份数;LY 表示腊叶标本。图片标本的编号原则与此相同,这样能与实物标本相对应,为了区别,图片编号最后以"TP"收尾,其余部分完全一致。

3.4.2.4　包装与运输人员

采集的标本需要进行分装,由专人负责分类打包和存放这些材料,并在一天的采集活动中随着小组移动。通常情况下,承担这一工作的人员需要有较好的体力,并且分装运输过程中要耐心与细致。

3.4.3　准备工具与设备

3.4.3.1　采集工具

采集工具有挖掘和裁剪两类,如图 3-9 所示。挖掘常用的工具有小手镐、工兵镐、手铲、钢钎等。小手镐轻便,适合采掘小草本植物的地下部分;工兵镐的尺寸稍大于小手镐,适合采掘中大型根类;手铲适合于地下土层较深且松软的条件;钢钎常用在地下多砂石、岩石等基质环境。

裁剪常用的工具有高枝剪、修枝剪、普通剪刀、美工刀、开山斧、柴刀等。高枝剪用于裁剪乔木等;修枝剪用于裁剪灌木等硬质低矮植物;普通剪刀用于轻薄材料的裁剪;各种刀斧常用于开路、剥取树皮、分割材料等场景。

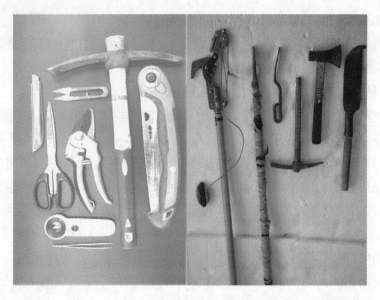

图 3-9 采集工具

3.4.3.2 记录工具

记录分为文字记录和图像记录两部分。常用的文字记录工具有书写板、原始采集记录表、吊牌、铅笔、橡皮、指南针、坡度计、GPS 定位仪、轨迹记录仪、录音笔、便携式电子秤、小刀、剪刀等。图像记录工具有相机(手机)、闪光灯、便携式补光灯、反光板、三脚架、测距仪、望远镜、白板等。记录工具如图 3-10 所示。

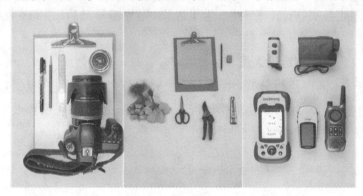

图 3-10 记录工具

各组可以根据本组人员实际情况来配置相应的设备和工具,在方便采集工作的前提下,尽可能减少出行重量。在选择拍摄工具方面,如果熟悉使用专业数码单反或无反相机,闪光灯、反光板、补光灯等辅助照明设备就必不可少。为了获得更准确的画面色温和颜色;需要携带灰板、色卡等矫正颜色的小设备。如果仅仅用手机拍摄(拍摄还处于起步阶段),可以不带补光、校色设备。

3.4.3.3 包装材料

采集标本的包装材料常选用各种不透水的袋子。其中,各种大小的塑料袋和自封袋重量轻、体积小，容易形成大小组合，可以用来盛装各种不同规格和质地的标本。此外，各组最好准备一个硬壳、较大的袋子(容积在 40 L 以上)，方便汇总零散的小包装。像种子和容易脱落的花、叶片等零碎材料的收集，还需要准备种子袋、牛皮纸信封、小号自封袋等，方便收纳。

这些包装材料可以运用在各种环境中，对标本进行保护。如采集区域日照强、温度高、空气干燥，还需要用细雾水壶对采集的标本材料进行保湿处理，方法是：将水雾均匀喷洒在花序、幼嫩枝条、根及断面等部位，然后用塑料材质的袋子挽口封装；如采集区域多为棘刺灌丛，则要用硬壳袋子收纳所有标本材料，防止刮伤袋子和标本。

3.4.4　采集要点

3.4.4.1　标本采集的一般要求

一般采集要求是草本植物的地上地下部分都要采集齐全，标本应包括根、茎、叶、花、果，花与果至少要有其一，并且要能够兼顾药用部位的采集。

木本植物要采集完整分枝形态的样品，枝条要包含 3～5 个节；有一段两年以上的老枝条；叶片包括成熟的叶片，还要有芽、花、果。有些种类的木本植物的开花枝条和营养枝条在叶形上区别上较大，尽量采集完全，以体现这种差异性。此外，木本植物还需要割取一块 7 cm×10 cm 的树皮材料，随同标本一起压制制作。

分别采集单性异株植物。严禁采集濒危、珍稀物种，可拍摄照片作为凭据。遇到存疑种，以"sp."作为名称标识。采集样品的尺寸应稍大于 30 cm×40 cm，方便后期裁剪。

3.4.4.2　包装要求

原则上不同采集点的样品应用不同包装袋分开包装，并用采集地作标识，以免混淆。木本植物和草本植物应分开放置，避免因堆垛挤压而损坏标本。带刺的样品要独立包装并且单独放置，防止混放以后，随着运动和拿取损坏其他样品。

3.4.4.3　特殊形态植物的采集注意事项

垫状丛生植物：多取，以便后期修裁。大型植物：取基部、中部与顶部，分别采下并作标识，放入同一包装内。花器易损植物：如鸢尾属、木槿属等的花冠易失水破碎，应取未开放花及花序，回营地放养，待花开时再压制。

3.4.4.4　采集号的编号原则

采集号是采集标本材料的序号，也是每一份标本的"身份证"，具备唯一性。一般采集号的编号规则为：不同种采用不同采集号；同一种的采集时间和地点不同，采用不同采集号；若单一采集号在采集时被认为属于同一分类单元，但鉴定时发现为两个或多个分类单元混合物，则每一分类单元应分别用 A、B、C 等加注于该号码之后。

3.4.4.5 原始采集记录表

原始采集记录表为实习采集前预先打印好的印刷表格,是记录所采集标本材料的原始信息档案,见表 3-1。

表 3-1 中药学专业野外信息标本采集记录表

采集人		采集号	
采集日期	年　　月　　日		
采集地点	省　　市(州)　县　乡		
经度		纬度		海拔/米	
植被类型		土壤	
生态环境			
习性	草本　灌木　乔木　藤本		
资源类型	野生/栽培	出现多度	多　一般　少　偶见
株高/米		胸径/厘米	
根		茎(树皮)		叶	
花		果实和种子	
科名			
植物名		别名	
药材名		学名	
入药部位		用途	
材料/份数	腊叶标本(　)照片材料(　)		
利用现状			
受威胁状况			
备注			

填写说明:①采集人、采集号、采集日期、采集地点、经纬度、习性、资源类型、科名和植物名为必填项,其余项目根据实际情况填写。②标本采集地海拔精确到整数,单位为米。③土壤类型按 GB/T 17296 的规定进行分类,主要有水稻土、赤红土、红壤、黄棕壤、石灰(岩)土、紫色土及其他。④植物名统一填写该样品的中文学名,中文名、拉丁名参照在线版《中国植物志》,别名不超过 5 个。

3.4.5　整理与压制

3.4.5.1　整理

采集后回到营地,首先需要对采集的标本材料进行整理,整理内容包括将样品清洗、晾干,去除标本上的虫卵、病叶、寄生植物等。整理的过程也是熟悉植物的过程,在此过程中可以对样品的大小进行初步裁剪,以方便压制。

3.4.5.2　压制

压制是将样品的分类特征、药用部位特征展示出来的过程。压制常用马粪纸或者报纸,一层样品一层纸,层层垒叠,最后用标本夹夹紧,使纸充分吸收水分。第一周多次更换干燥纸并将标本夹夹紧,使标本定型,然后通过热风干燥箱完成干燥。

整理与压制的一般原则为:标本的大小尺寸要适中,以能够放入台纸(约为A3 纸大小,42 cm×29.7 cm)为度;叶序与叶要完整(叶序摆放合理,叶面完整,同时展示叶片正反面,至少有一片叶或小叶的叶背向上);花序结构要突显;花果较大时,还要对花果进行解剖展示;散落的种子、脱落的果实和叶片要用种子袋收集。如果叶片脱落较多,如女贞,可记录各片叶子的实际位置,在装订环节还原位置,分别固定。

上标本夹夹紧时,可采用传统的绑线固定,也可用绑带卡扣固定,夹紧的程度要适中,既不能让标本散落松动,也不能绑夹太紧,否则易导致内部标本挤压变形。标本夹的夹紧固定如图 3-11 所示。

上烘干箱烘干时,需要用瓦楞纸板代替报纸进行夹紧操作,然后用板夹固定后上烘箱。需要注意的是,使用的瓦楞纸板侧面的瓦楞朝向,需与干燥热风排放方向一致才可以烘干,否则热风不能利用瓦楞面的"烟囱"效应,极易造成内部温度过高而烫伤标本。

图 3-11　标本夹的夹紧固定

3.4.6　消毒与装订

3.4.6.1　消毒

在标本完全干燥后,需要对标本进行消毒。消毒的目的是使标本能够保存较长时间,不易受到霉变和虫蛀的破坏。传统的消毒方法是使用 0.1% 升汞乙醇溶液浸泡消毒。由于使用有毒溶剂,因此,需要操作人员佩戴手套和防毒面具操作。

具体操作方法是:将配置好的 0.1% 升汞乙醇溶液倒入搪瓷托盘,以倒入溶液恰好能够浸没一份标本为度。溶液量减少后及时添加;用竹筷或镊子将干燥好的标本置于溶液中 30 s 至数分钟,取出晾干即可上台纸固定。具体浸泡时间以标本实际厚度为准,较轻薄的材料浸泡时间短,厚实的材料可延长浸泡时间,使溶液充分填充。

3.4.6.2　装订

装订是使用白胶、白棉线和针将消毒完全的标本粘或订在白色台纸上。装订一般要注意台纸左上角和右下角留白,因为这两处会分别粘贴原始采集记录表和鉴定签。

一般情况下,用针线固定标本重心位置,如根、较重的果实等,脱落的叶片等部分则用白胶粘合。装订要求位置安排合理、分类特征明显、整个标本美观大方。

3.5　M241 轨迹记录仪的应用

3.5.1　M241 轨迹记录仪

M241 轨迹记录仪即 Holux M241 轨迹记录仪,是一种接收卫星定位与跟踪系统的设备,能够记录坐标和行程轨迹。它可以记录最多 13 万个位置,每个位置都含有经度、纬度、时间和海拔资料。

M241 轨迹记录仪的操作面板非常简洁,全部机身只有 3 个物理按键:"MENU"键、"ENTER"键和机身底部的电源开关键。所有功能的操作都是通过"MENU"键和"ENTER"键的组合来完成的。

3.5.2　M241 轨迹记录仪设置和使用

M241 轨迹记录仪需要设置其使用语言、测距方式、测距单位、记录方式以及时间记录间隔等才可使用。

3.5.2.1　文字显示设置

设置前,需要安装 1 节五号电池。打开电源开关,屏幕上会出现奔跑的"小人"和"GPS搜索中"字样,这时按下"MENU"键,待屏幕上出现"设定"字样时按下"ENTER"键,然后再按"MENU"键进行调节;待屏幕上出现"语言"字样时,按下"ENTER"键,就进入了"简体中文""繁体中文"和"英文"的选定循环;按压"MENU"键选择,待出现"简体中文"时,按下"ENTER"确定即可。这时屏幕又会自动回到显示"设定"的字幕状态,可以进行下面测距方式的设置。

3.5.2.2　测距方式的设置

打开电源开关,屏幕上会出现奔跑的"小人"和"GPS 搜索中"字样,这时按下"MENU"键,待屏幕上出现"设定"字样时按下"ENTER"键,则屏幕上会出现"测距方式",按下"ENTER"键就进入了"点"和"轨迹"的选项;再按压"MENU"键调节,出现"点"时按下"ENTER"键进行选定即可。这时屏幕又会自动回到显示"设定"的字幕状态,可以进行下面测距单位的设置。

3.5.2.3　测距单位的设置

测距单位一般选用"公里"。当屏幕出现"设定"字样时,按下"ENTER"键进入设置状态,再按"MENU"键,使屏幕上出现"公里/哩"的字样,再按下"ENTER"键进入"公里"和"哩"的选择状态,用"MENU"键调节,待出现"公里"时再按"ENTER"键确定即可。这时屏幕自动回到显示"设定"的字幕状态,可以进行下面的设置。

3.5.2.4　记录方式的设置

记录方式一般选用"录满停止"和"以时间记"这一组合。

(1)录满停止。当屏幕出现"设定"字样时,按下"ENTER"键进入设置状态,再按"MENU"键,使屏幕上出现"记录方式"的字样,再按"ENTER"键进入"录满停止"和"覆写"的选择状态,用"MENU"键调整,待出现"录满停止"时再按"ENTER"键选定即可。这时屏幕自动回到显示"设定"的字幕状态,可以接着进行"以时间记"相关的设置。

(2)以时间记。在该记录方式中,一般选择每隔 5 s 记录一个点。当屏幕出现"设定"字样时,按下"ENTER"键进入设置状态,再按"MENU"键调整,使屏幕上出现"以时间记"字样,再按"ENTER"键进入"5 秒""10 秒""15 秒"和"30 秒"……的选择状态,用"MENU"键调整,待出现"5 秒"时再按下"ENTER"键选定即可。

(3)其他选项设置。按照类似上面的设置,在"自动记录"项下选择"是","蓝牙"项下选择"开启","背光时间"项下选择"5 秒"即可。

3.5.2.5　轨迹记录仪的使用

(1)开机记录。当打开 Holux M241 轨迹记录仪的电源开关后,首先看到的是 GPS 记录器的状态界面,界面上会出现奔跑的"小人"标志和"GPS 搜索中"字样;当搜索到足够的卫星信号后,屏幕会出现"笔数"字样,这表明轨迹记录仪已经开始轨迹的记录。如果这时按下"ENTER"键,就会停止记录轨迹;再次按下"ENTER"键,则会接着记录。

（2）锁定轨迹记录仪。调查过程中,为了避免误触到"MENU"键和"ENTER"键,造成轨迹记录仪上的数据变动,一般要求在轨迹记录仪正常记录开始后锁定机器。锁定操作时只需用两只手分别同时按下"MENU"键和"ENTER"键,当出现一个闭合的"小锁"图像时即成功锁定。完成锁定后,调查过程中只需放置好记录仪,一段时间检查一下电池电量即可。

3.5.3　轨迹文件的读取、导出和使用

3.5.3.1　读取轨迹记录仪中的轨迹文件

在读取轨迹记录仪中的轨迹文件之前,需要预先在电脑里安装 HOLUX ezTour for Logger 软件(软件可在 M241 轨迹记录仪官方网站免费下载)和适配 M241 的驱动程序(官方网站免费下载)。然后将 M241 轨迹记录仪通过数据线与电脑相连。双击打开 HOLUX ezTour for Logger 软件,点击主界面左上角文档选项,出现下拉菜单,点击读取轨迹,随即弹出读取轨迹对话框,进度条显示读取进度。读取完毕时出现所有机内轨迹信息的列表,勾选需要的轨迹,点击"确定",选择的轨迹文件即显示在窗口右侧的轨迹列表中。

3.5.3.2　导出和使用轨迹文件

完成上述操作后,选择右侧轨迹列表中需要导出的轨迹项目,再点击窗口图表"导出为 KMZ 文档"按钮,此时会弹出存放位置的对话框,选择保存位置,即导出为 KMZ 格式的轨迹文件。KMZ 格式文件是可以被地图浏览软件识别的地理信息文件格式。双击刚刚导出的 KMZ 文件图表,即自动打开预先安装好的地图浏览软件,推动鼠标滚轮放大或缩小,即可查看轨迹路线。

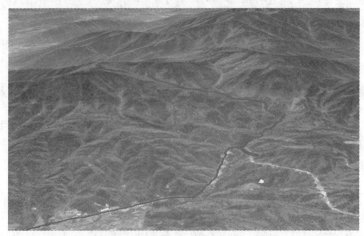

图 3-12　轨迹记录仪中轨迹文件显示的轨迹(2017 年鹞落坪保护区仰天窝采集)

3.6　安徽科技学院凤阳校区常见药用植物名录

3.6.1　木贼科 Equisetaceae

节节草 *Equisetum ramosissimum* Desf.

多年生中小型草本;地上枝圆筒状,表面粗糙,主枝常在下部分枝;鞘齿灰白色,三角形。

3.6.2　凤尾蕨科 Pteridaceae

井栏边草 *Pteris multifida* Poir.

多年生石生草本;叶二型,一回羽状,羽片线状披针形,叶片披散下垂似凤尾。

蜈蚣草 *Pteris vittata* L.

多年生石生草本;一回羽状叶,两侧羽片同形,对生或互生,羽片多数。

3.6.3　金星蕨科 Thelypteridaceae

金星蕨 *Parathelypteris glanduligera*（Kze.）Ching

多年生阴湿草本;有地下根状茎;叶披针形或阔披针形,先端渐尖并羽裂,二回羽状深裂;孢子囊群小,圆形,靠近叶边,囊群盖圆肾形。

3.6.4　苏铁科 Cycadaceae

苏铁 *Cycas revoluta* Thunb.

常绿木本;一回羽状叶片,塔螺状分布在树干顶部。

3.6.5　银杏科 Ginkgoaceae

银杏 *Ginkgo biloba* L.

落叶乔木;叶片扇形,二叉分枝叶脉;秋季叶片金黄色。

3.6.6　松科 Pinaceae

日本冷杉 *Abies firma* Sieb. et Zucc.

常绿乔木;叶片在枝条两侧及下方排成整齐的两列,叶条形,向阳面光绿色,背阳面两条气孔带被白粉。

雪松 *Cedrus deodara*（Roxb.）G. Don

常绿乔木；枝条在主干上平展，分层明显；叶于长枝上螺旋着生，短枝簇生。

日本五针松 *Pinus parviflora* Sieb. et Zucc.

常绿乔木；五针一束，叶腹面气孔线灰白明显。

油松 *Pinus tabuliformis* Carr.

常绿乔木；针叶硬直，两针一束，横切面半圆形，成熟叶长通常为 12 cm 左右，树脂道边生；球果常卵形。

火炬松 *Pinus taeda* Linn.

常绿乔木；针叶较长，横切面三角形，常三针一束，亦可见两针一束；球果卵状圆锥形或窄圆锥形。

3.6.7　杉科 Taxodiaceae

柳杉 *Cryptomeria japonica* var. *sinensis* Miquel

乔木；小枝披垂，叶钻形，弯镰状着生于小枝上；球果。

水杉 *Metasequoia glyptostroboides* Hu et W. C. Cheng

落叶乔木；树干高大笔挺；大树树皮条状脱落；叶条形，在小枝上排成羽状、整齐的两列，冬季与小枝一同脱落。

3.6.8　柏科 Cupressaceae

侧柏 *Platycladus orientalis*（Linn.）Franco

常绿乔木；树皮条状、螺旋状上升开裂；枝条扁侧上升或斜升。

千头柏 *Platycladus orientalis*（L.）Franco cv. 'Sieboldii' Dallimore and Jackson

常绿灌木；枝条形态似侧柏。

凤尾柏 *Chamaecyparis obtusa*（Sieb. et Zucc.）Enelicher cv. 'Filicoides' Dallimore & Jackson

常绿灌木；枝短，开散如凤尾；叶在枝条上扁平鳞叠，叶下被白粉。

日本花柏 *Chamaecyparis pisifera*（Sieb. et Zucc.）Enelicher.

常绿乔木；生鳞叶的小枝扁平，小枝条羽扇状；叶下白粉明显。

圆柏 *Juniperus chinensis* L.

常绿乔木；树冠尖塔形。

龙柏 *Sabina chinensis*（L.）Ant. cv. 'Kaizuca' Hort.

常绿乔木；树冠尖塔形；枝条蟠龙状旋升。

球柏 *Sabina chinensis*（L.）Ant. cv. 'Globosa' Hornibr.

矮形圆球状灌木；叶鳞形，间或有刺。

北美圆柏 *Juniperus virginiana* L.

常绿乔木;树冠柱状圆锥形。

刺柏 *Juniperus formosana* Hayata

常绿乔木;三叶轮生,叶针刺状,握之扎手。

3.6.9　胡桃科 Juglandaceae

枫杨 *Pterocarya stenoptera* C. D C.

落叶大乔木;奇数羽状复叶有叶轴翅,叶片揉碎有气味;翅果,翅羽斜展。

3.6.10　杨柳科 Salicaceae

加杨 *Populus canadensis* Moench.

落叶乔木;叶卵状心形,叶柄侧扁粗壮。

旱柳 *Salix matsudana* Koidz.

乔木;枝条披垂或稍挺立;雄花苞片卵形,花药黄色。

垂柳 *Salix babylonica* L.

近水乔木;枝条披垂柔软;叶披针形;雄花苞片披针形,花药红黄色。

3.6.11　壳斗科 Fagaceae

槲栎 *Quercus aliena* Bl.

落叶乔木;叶较大,叶缘具波状钝齿;壳斗杯状,包裹一半坚果。

栗 *Castanea mollissima* Bl.

高大乔木;壳斗外壳密生长短不同锐刺。

麻栎 *Quercus acutissima* Carr.

乔木;叶长椭圆状披针形,叶缘有刺芒状锯齿;壳斗杯形,包裹一半坚果,小苞片条状钻形,向外反曲。

白栎 *Quercus fabri* Hance

乔木;叶倒卵形,叶缘有粗钝波状锯齿,常密集分布于小枝顶部;坚果长椭圆形。

枹栎 *Quercus serrata* Murray.

乔木;叶片薄,倒卵形,叶缘有腺状锯齿,叶柄极短;壳斗杯状,包裹坚果的 1/4~1/3,小苞片长三角形。

3.6.12　榆科 Ulmaceae

朴树 *Celtis sinensis* Pers.

落叶乔木;树皮常见粗大皮孔及明显树瘤;卵叶边缘中部以上有锯齿,基出三脉;核果球形。

榆树 *Ulmus pumila* L.

幼树树皮平滑,灰褐色或浅灰色,大树树皮暗灰色;小枝无毛或有毛;叶椭圆状卵形,叶面平滑无毛。

龙爪榆 *Ulmus pumila* L. cv. 'Pendula' Kirchner

形同榆树;枝条卷曲、扭曲下垂。

榔榆 *Ulmus parvifolia* Jacq.

落叶乔木;叶厚,老叶于第二年新叶发出时脱落;秋花簇生于叶腋。

大叶榉树 *Zelkova schneideriana* Hand. -Mazz.

落叶乔木;叶卵形,羽状平行脉明显,两面有毛;核果。

3.6.13　杜仲科 Eucommiaceae

杜仲 *Eucommia ulmoides* Oliver

落叶乔木;全株折断处均有白胶丝;幼枝、叶片干后黑色。

3.6.14　桑科 Moraceae

桑 *Morus alba* Linn.

乔木或灌木;聚花果圆筒状,生时青,熟时紫黑,啖之可将皮肤、舌头染紫。

构树 *Broussonetia papyifera*(Linn.)L'Hert. ex Vent.

落叶乔木;幼树易成灌丛;叶有明显的毛,基出三脉,不裂或明显分裂,叶形变化多端;全株有白色无毒乳汁;树皮强韧。

无花果 *Ficus carica* Linn.

落叶灌木;沿叶脉常三至五裂;全株折断有无毒白色乳汁;榕果可食。

柘 *Maclura tricuspidata* Carriere

灌木或小乔木;枝条多硬刺;聚花果球形,肉质,熟时红色可食,有白色乳汁。

葎草 *Humulus scandens*(Lour.)Merr.

缠绕有倒刺草本;叶掌状五至七裂;雄花序圆锥状,黄绿色。

3.6.15　荨麻科 Urticaceae

苎麻 *Boehmeria nivea*(L.)Gaudich.

亚灌木;叶片阳面青,背面白;雌雄花序团伞状,生于叶腋,披垂。

糯米团 *Gonostegia hirta*(Bl.)Miq.

多年生草本;全株粗糙,叶对生,几无叶柄,基出脉三至五条明显。

3.6.16　檀香科 Santalaceae

百蕊草 *Thesium chinense* Turcz.
多年生柔弱草本；全株光滑无毛；叶线形；花白；坚果绿色球形。

3.6.17　蓼科 Polygonaceae

金荞麦 *Fagopyrum dibotrys*（D. Don）Hara
多年生草本；根状茎木质化、团块状；叶三角形；小白花多数。

何首乌 *Fallopia multiflora*（Thunb.）Harald.
多年生缠绕草本；有肥厚块根；托叶鞘黄褐色，膜质抱茎；花序圆锥状，常立于缠绕树木巅顶，黄白色；瘦果黑色三棱。

萹蓄 *Polygonum aviculare* L.
伏地生小草本，多见于潮湿地面；膜质托叶鞘抱茎，白色；花被片绿色，边缘紫红色。

拳参 *Polygonum bistorta* L.
多年生草本；地下部分肥厚、弯曲；总状花序穗状，红白色。

丛枝蓼 *Polygonum posumbu* Buch.-Ham. ex D. Don
一年生草本；茎无毛；叶卵状披针形至卵形，叶缘具缘毛；托叶鞘筒状、无毛、膜质、抱茎，顶端缘毛粗壮；花序稀疏间断，花序轴及花被无腺体。

酸模叶蓼 *Polygonum lapathifolium* L.
一年生草本；节膨大；膜质托叶鞘顶端无睫毛；叶上常有黑褐色新月形斑纹。

虎杖 *Reynoutria japonica* Houtt.
多年生草本；植株较高；茎上有紫红色斑点。

羊蹄 *Rumex japonicus* Houtt.
多年生喜湿草本；地下部分肥大，断面黄色；花期茎挺立；果时花被片膨大，边缘有不规则小齿。

齿果酸模 *Rumex dentatus* L.
一年生草本；果时花被片边缘膨大，形成刺状齿。

巴天酸模 *Rumex patientia* L.
多年生草本；地下部分肥厚；茎花期直立粗壮；内花被片果期增大，边缘近全缘。

钝叶酸模 *Rumex obtusifolius* L.
多年生草本；基生叶沿主脉及各支脉常见紫红色纹脉或斑点。

3.6.18　商陆科 Phytolaccaceae

垂序商陆 *Phytolacca americana* L.
多年生高大草本;茎、叶柄及成熟果实紫红色或紫黑色。

3.6.19　紫茉莉科 Nyctaginaceae

紫茉莉 *Mirabilis jalapa* L.
一年生夏花草本;花午后开放,常呈紫红色。

3.6.20　番杏科 Aizoaceae

粟米草 *Mollugo stricta* L.
一年生铺地小草;叶假轮生或对生;蒴果圆形如粟。

3.6.21　马齿苋科 Portulacaceae

马齿苋 *Portulaca oleracea* L.
一年生草本;全株光滑无毛,伏地铺散;果实小,顶盖成熟时掀开;种子黑色,细小。
大花马齿苋 *Portulaca grandiflora* Hook.
一年生草本;叶片细圆柱形,肉质;花直径较大,花色较多。
土人参 *Talinum paniculatum* (Jacq.) Gaertn.
全株光滑无毛;主根肉质圆锥形;叶厚,肉质;圆锥花序顶生或腋生;果熟时黑色。

3.6.22　落葵科 Basellaceae

落葵薯 *Anredera cordifolia* (Tenore) Steenis
多年生缠绕草本;肉质叶;腋生小珠芽(块茎)。

3.6.23　石竹科 Caryophyllaceae

鹅肠菜 *Myosoton aquaticum* (L.) Moench
春秋两季生柔弱草本;叶对生,叶缘微波状,常见黑色不规则稀疏斑点;花白色。
球序卷耳 *Cerastium glomeratum* Thuill.
一年生草本;全株有毛;叶中脉明显;聚伞花序簇生,呈头状。
繁缕 *Stellaria media* (L.) Villars.
早春柔弱小草本;叶对生,有明显叶柄;花小,白色。

无心菜 *Arenaria serpyllifolia* L.

小草本;茎直立或铺散;无叶柄。

女娄菜 *Silene aprica* Turcx. ex Fisch. et Mey.

越年生草本;全株被灰色短毛;花瓣五,白色或稍被粉色,顶部二裂,有副花冠。

石竹 *Dianthus chinensis* L.

多年生草本;叶对生,线状披针形;花瓣五,紫红色,顶缘有不规则齿裂。

瞿麦 *Dianthus superbus* L.

多年生草本,形类似石竹;花瓣顶缘呈流苏状分裂。

麦蓝菜 *Vaccaria hispanica*（Miller）Rauschert

越年生草本;全株粉绿色;花萼后期膨大成球状,花瓣粉红色;种子圆球形,熟后黑色,似油菜籽。

3.6.24　藜科 Chenopodiaceae

藜 *Chenopodium album* L.

一年生草本;茎有棱,叶菱状卵形,边缘有不规则锯齿,被粉;胞果。

小藜 *Chenopodium ficifolium* Smith

一年生草本;叶卵状矩圆形。

土荆芥 *Dysphania ambrosioides*（L.）Mosyakin & Clemants

一年生草本;全株有强烈气味;叶片矩圆状披针形至披针形,叶缘锯齿不整齐。

扫帚菜 *Kochia scoparia*（L.）Schrad. f. *trichophylla*（Hort.）Schinz. et Thell.

一年生草本;分枝繁多;叶披针形;胞果扁球形。

盐地碱蓬 *Suaeda salsa*（L.）Pall.

一年生草本;茎、叶新鲜时绿色,老时紫色;茎有条棱;叶端尖刺状;团伞花序。

3.6.25　苋科 Amaranthaceae

牛膝 *Achyranthes bidentata* Blume

多年生草本;根圆柱形,多分枝;叶对生,有毛;节膨大;苞片尖刺状,扎人。

喜旱莲子草 *Alternanthera philoxeroides*（Mart.）Griseb.

多年生喜水湿草本;圆茎中空;叶对生;总花梗长;头状花序白色。

莲子草 *Alternanthera sessilis*（L.）DC.

多年生喜水湿草本;圆茎中空;叶对生;无总花梗;头状花序白色。

刺苋 *Amaranthus spinosus* L.

一年生直立草本;茎圆紫色;苞片变尖锐直刺。

凹头苋 *Amaranthus blitum* Linnaeus

一年生草本;茎绿色或紫色;叶互生,卵形或菱状卵形,顶部凹缺。

绿穗苋 *Amaranthus hybridus* L.

一年生草本;茎绿色;叶背有毛;苞片延伸成尖芒;穗状花序呈圆锥状。

反枝苋 *Amaranthus retroflexus* L.

一年生粗壮草本;茎有时带紫色条纹;叶顶有锐尖或小凸尖,叶片两面有柔毛;苞片顶部有白色芒刺。

皱果苋 *Amaranthus viridis* L.

一年生草本;胞果不裂,极皱缩,超出花被片;种子球形,黑色。

青葙 *Celosia argentea* L.

一年生直立草本;全株无毛;茎上的棱明显;叶片披针形;穗状花序圆柱状;花穗顶部紫红色,下部白色;种子小,黑色,油亮。

3.6.26 仙人掌科 Cactaceae

仙人掌 *Opuntia dillenii* (Ker-Gawl.) Haw.

多年生草本;茎扁平,肉质;叶刺状,簇生,长短不等。

3.6.27 木兰科 Magnoliaceae

鹅掌楸 *Liriodendron chinense* (Hemsl.) Sarg.

落叶乔木;叶片马褂状。

玉兰 *Yulania denudata* (Desr.) D. L. Fu

乔木;早春先花后叶;花大,白色。

荷花玉兰 *Magnolia grandiflora* L.

常绿乔木;叶革质;入夏开花,花大,白色。

紫玉兰 *Yulania liliiflora* (Desrousseaux) D. L. Fu

小乔木;春花紫色;花叶同时开放。

厚朴 *Houpoea officinalis* (Rehder & E. H. Wilson) N. H. Xia & C. Y. Wu

落叶乔木;叶轮生,枝顶呈"莲座状",大型;花白色,顶生于枝顶。

二乔玉兰 *Yulania soulangeana* (Soul.-Bod.) D. L. Fu

落叶乔木;花紫白,花被片三轮,长短等齐。

深山含笑 *Michelia maudiae* Dunn

落叶乔木;单花,白色,腋生。

3.6.28　蜡梅科 Calycanthaceae

蜡梅 *Chimonanthus praecox*（Linn.）Link（栽培品种未鉴别,暂归为自然种）
落叶灌木;叶糙;冬花黄色,香气袭人。

3.6.29　樟科 Lauraceae

樟 *Cinnamomum camphora*（Linn.）Presl
常绿乔木;离基三出叶脉;全株有樟脑气味。
狭叶山胡椒 *Lindera angustifolia* Cheng
落叶灌木;老叶秋后枯萎变黄,不离枝条,呈"诈死"状。

3.6.30　毛茛科 Ranunculaceae

大花威灵仙 *Clematis courtoisii* Hand.-Mazz.
林下草质藤本;须根新鲜时微带辣味;复叶对生缠卷;花大,单生。
太行铁线莲 *Clematis kirilowii* Maxim.
木质藤本;小叶小且多,干枯后枝叶俱黑;圆锥花序小,白花多数。
白头翁 *Pulsatilla chinensis*（Bunge）Regel
阳生宿根草本;早春花叶齐出,紫色;瘦果聚合头状,花柱被白毛,呈"白头老翁"状。
猫爪草 *Ranunculus ternatus* Thunb.
湿生宿根小草本;早春开小黄花,花瓣向阳面油亮;小块根呈猫爪状。
华东唐松草 *Thalictrum fortunei* S. Moore
多年生草本;地下须根稍肉质;小叶背面叶脉凸显;花萼淡堇色或白色。

3.6.31　小檗科 Berberidaceae

日本小檗 *Berberis thunbergii* DC.
小灌木;茎有刺;小叶匙形,紫色;浆果红色。
阔叶十大功劳 *Mahonia bealei*（Fort.）Carr.
常绿灌木;木质茎断面鲜黄;一回羽状复叶,小叶叶背被白粉,叶齿端有尖刺;浆果熟时蓝色,被白粉。
十大功劳 *Mahonia fortunei*（Lindl.）Fedde
常绿灌木;木质茎断面鲜黄;一回羽状复叶,小叶披针形,叶齿端有尖刺,叶背苍白,叶脉隆起。
南天竹 *Nandina domestica* Thunb.

常绿小灌木;新叶及枝条紫红色,三回羽状复叶,小叶全缘;花小,白色,芳香;浆果球形,熟时鲜红。

3.6.32　木通科 Lardizabalaceae

木通 *Akebia quinata*（Houtt.）Decaisne
木质藤本;通常有小叶五片;单性花,雌雄同株。

3.6.33　防己科 Menispermaceae

木防己 *Cocculus orbiculatus*（Linn.）D C.
木质藤本;叶互生,叶形变化较大,基出三脉明显;核果球形,熟后蓝色,被白粉。

蝙蝠葛 *Menispermum dauricum* D C.
草质藤本;全株无毛;叶互生,叶片蝙蝠翅状;核果紫黑色。

千金藤 *Stephania japonica*（Thunb.）Miers
藤本;叶纸质,三角状圆形,叶柄盾状着生。

3.6.34　睡莲科 Nymphaeaceae

莲 *Nelumbo nucifera* Gaertn.
多年生水生草本;叶圆,大型,叶柄盾状着生;花大,粉红色或白色,气味芳香。

睡莲 *Nymphaea tetragona* Georgi
多年生水生草本;叶心状卵形,叶基深缺呈 V 形,浮于水面;花瓣白色。

3.6.35　三白草科 Saururaceae

三白草 *Saururus chinensis*（Lour.）Baill.
多年生草本;花期近花序叶片变白色。

蕺菜 *Houttuynia cordata* Thunb.
多年生湿地草本;花白;全株有强烈鱼腥气。

3.6.36　金粟兰科 Chloranthaceae

丝穗金粟兰 *Chloranthus fortunei*（A. Gray）Solms-Laub
多年生草本;叶对生,常见叶四片,假轮生状;穗状花序白色;药隔延长呈丝状。

3.6.37　马兜铃科 Aristolochiaceae

马兜铃 *Aristolochia debilis* Sieb. et Zucc.

草质藤本;叶卵状三角形,叶基耳垂状;蒴果近球形,果柄处瓣裂;种子有翅。

寻骨风 *Aristolochia mollissima* Hance

木质藤本;全株被毛;形似马兜铃而攀缘状不明显。

3.6.38 芍药科 Paeoniaceae

芍药 *Paeonia lactiflora* Pall.

多年生肉根草本,根条圆柱形,有特异香气;花紫红色,大而美丽。

凤丹 *Paeonia ostii* T. Hong & J. X. Zhang.

落叶亚灌木;根肉质,圆柱形根,有特殊香味;春末开单瓣大白花,有香气。

3.6.39 猕猴桃科 Actinidiaceae

中华猕猴桃 *Actinidia chinensis* Planch.

大型木质藤本;幼茎及枝叶被硬毛;叶倒扩卵形;花白色,雄蕊黄色;果实近球形,被硬毛。

3.6.40 山茶科 Theaceae

山茶 *Camellia japonica* Linn.

常绿小灌木;叶椭圆形,互生;花大,红色,重瓣。

3.6.41 罂粟科 Papaveraceae

博落回 *Macleaya cordata*(Willd.)R. Br.

高大草本;全株被白粉;折断有黄色或橙红色汁液。

虞美人 *Papaver rhoeas* L.

一年生草本,全株被刚毛;花萼二,早落,花瓣四,圆形,基部具有黑褐色斑纹,雄蕊多数,柱头辐射状,连合成扁平、边缘圆齿状的盘状体。

罂粟 *Papaver somniferum* L.

一年生草本,近无毛;叶被白粉,叶缘波状锯齿;花瓣四,颜色各异,边缘各式浅波状齿裂;蒴果长圆形,表皮割破有乳汁,干后黑色即鸦片。

夏天无 *Corydalis decumbens*(Thunb.)Pers.

多年生柔弱小草本;地下小块茎球形;总状花序疏生数朵紫红色飞雀状小花。

紫堇 *Corydalis edulis* Maxim.

一年生灰绿色小草本;总状花序粉紫色或紫红色,花序轴较短。

延胡索 *Corydalis yanhusuo* W. T. Wang

多年生草本;地下块茎圆球形,状如弹球,断面黄色。

刻叶紫堇 *Corydalis incisa*（Thunb.）Pers.

多年生直立草本;根状茎短,肥厚;叶的小裂片具缺刻状齿;总苞尤明显;花淡蓝色或白色。

地锦苗 *Corydalis sheareri* S. Moore

多年生草本;主根明显,须根较多,呈纤维状;总状花序,紫红色,花尾部(矩)呈尖锥状。

3.6.42　十字花科 Brassicaceae

鼠耳芥 *Arabidopsis thaliana*（L.）Heynh.

贴地生极小草本;基生叶莲座状,叶片形似鼠耳;有疏松的总状花序,花白色;长角果。

荠 *Capsella bursa-pastoris*（L.）Medic.

越年生小草本;基生叶莲座状,叶形变化较多;短角果三角形扁平,顶部凹陷呈 V 形。

碎米荠 *Cardamine hirsuta* L.

一年生小草本;基生叶,有小叶数对,边缘有圆齿;总状花序,花白色;长角果线形。

弹裂碎米荠 *Cardamine impatiens* L.

越年生小草本;羽状复叶,小叶叶缘有不整齐钝齿;长角果扁,狭条形。

臭独行菜 *Lepidium didymum* L.

越年生匍匐草本;全株有特异臭味;叶一回或二回羽状全裂;短角果肾形。

芥菜 *Brassica juncea*（L.）Czernajew

一年生草本;幼茎有时被粉;基生叶大头羽裂,叶缘有缺刻或锯齿;总状花序顶生,黄色;长角果线形;种子圆形,似菜籽,味辣。

播娘蒿 *Descurainia sophia*（L.）Webb ex Prantl

一年生草本;茎直立;叶三回羽状全裂,裂叶线形;花序伞房状,黄色;长角果圆筒状。

小花糖芥 *Erysimum cheiranthoides* L.

一年生直立草本;基生叶莲座状,茎生叶披针形或线形;总状花序顶生,黄色;长角果圆柱形。

欧洲菘蓝 *Isatis tinctoria* L.

越年生草本;基生叶被白粉,长椭圆形,叶基有耳;花黄色,开花似油菜;短角果扁,熟时为棕黑色。

北美独行菜 *Lepidium virginicum* L.

一年生小草本;短角果扁圆形,顶部微凹。

诸葛菜 *Orychophragmus violaceus*（L.）O. E. Schulz

一年生喜湿草本;叶大头羽裂,叶缘有不规则圆齿;春花,紫色。

蔊菜 *Rorippa indica*（L.）Hiern.

一年生草本;叶形多变,常见大头羽裂,叶缘呈不规则牙齿状;总状花序,黄色;长角果线状圆柱形。

菥蓂 *Thlaspi arvense* L.

一年生草本;短角果扁圆形,顶部微凹;全株有败酱臭味。

3.6.43　悬铃木科 Platanaceae

二球悬铃木 *Platanus acerifolia*（Aiton）Willd.

落叶大乔木;树皮片状脱落;叶掌状分裂;果枝有头状果序二个,下垂;本种为三球悬铃木(*P. orientalis*)与一球悬铃木(*P. occidentalis*)的杂交种,故亦可见三果球垂悬。

3.6.44　金缕梅科 Hamamelidaceae

蚊母树 *Distylium racemosum* Sieb. et Zucc.

常绿灌木;蒴果卵圆形,上半部两片裂开。

枫香树 *Liquidambar formosana* Hance

落叶乔木;叶互生,掌状三裂;果序圆球形,木质,多孔洞;宿萼针刺状。

红花继木 *Loropetalum chinense* Oliver var. *rubrum* Yieh

灌木;叶革质暗红色;花瓣四片,带状,红色。

3.6.45　景天科 Crassulaceae

落地生根 *Bryophyllum pinnatum*（L. f.）Oken

多年生肉质草本;小叶长圆形,叶缘有圆齿,易生新芽;圆锥花序,淡红色。

八宝 *Hylotelephium erythrostictum*（Miq.）H. Ohba

多年生肉质草本;根胡萝卜状;叶对生、互生或轮生,长圆形,叶缘有疏锯齿;伞房花序,淡紫色。

瓦松 *Orostachys fimbriatus*（Turcz.）A. Berger

二年生肉质草本;一年生叶片莲座状,二年生花茎挺立;雄蕊十,花药紫色。

费菜 *Phedimus aizoon*（L.）'t Hart

多年生肉质草本;叶互生,狭披针形,叶缘锯齿不整齐;聚伞花序,花瓣黄色。

凹叶景天 *Sedum emarginatum* Migo

多年生肉质草本,多生于潮湿阴暗石缝中;叶对生,匙形,顶部微凹;花黄色。

珠芽景天 *Sedum bulbiferum* Makino

多年生草本;叶腋常有小型珠芽;基部叶对生,茎上部叶互生。

垂盆草 *Sedum sarmentosum* Bunge

多年生喜阳肉质草本;三叶轮生,叶倒披针形或长圆柱形;花黄色。

玉树 *Crassula arborescens*（Mill.）Willd.

盆栽肉质亚灌木,全株肉质;树皮灰白;叶卵圆形。

《中国植物志》景天科卷未收载青锁龙属 *Crassula*,拉丁名待考订）

3.6.46　虎耳草科 Saxifragaceae

虎耳草 *Saxifraga stolonifera* Curt.

多年生石生草本,喜阴湿;全株被毛,常见匍匐枝;叶猫耳状,叶脉有白斑;花瓣白色,有紫红色斑点。

壮丽溲疏 *Deutzia magnifica*（Lem.）Rehder

灌木;叶对生,披针形,两面粗糙;花白色,重瓣。

3.6.47　海桐花科 Pittosporaceae

海桐 *Pittosporum tobira*（Thunb.）Ait.

常绿灌木或小乔木;叶革质,倒卵形或倒卵状披针形,聚生于枝顶;蒴果圆球形,3 片开裂;种子多角形,鲜红色。

3.6.48　蔷薇科 Rosaceae

火棘 *Pyracantha fortuneana*（Maxim.）Li

常绿灌木;侧枝顶部刺状;叶缘有钝齿;复伞房花序;果实球形,深红色。

野山楂 *Crataegus cuneata* Sieb. et Zucc.

灌木,有枝刺;叶倒卵形,基部楔形,叶缘锯齿粗大、不规则;花白;果球形,熟后大红色。

山里红 *Crataegus pinnatifida* Bge. var. *major* N. E. Br.

落叶有刺乔木;叶片三角状卵形,裂片卵状披针形或带形,边缘有尖锐稀疏不规则重锯齿;花白色;果球形,熟时红色。

石楠 *Photinia serratifolia*（Desf.）Kalkman

常绿灌木或小乔木;叶缘细锯齿具腺体;复伞房花序顶生,花瓣白色;花瓣两面无毛,4 月开花;果实成熟时红色。

贵州石楠 *Photinia bodinieri* Lév.

乔木;老茎枝条呈长短不等刺状;叶缘有刺状齿;复伞房花序,花瓣白色;5 月开花,花柱合生;果实熟时黑色。

光叶石楠 *Photinia glabra* (Thunb.) Maxim.

常绿乔木;叶缘有浅钝细锯齿;复伞房花序顶生,白色;花瓣内面有柔毛,外面无毛,4 月开花;果实成熟时红色。

枇杷 *Eriobotrya japonica* (Thunb.) Lindl.

常绿小乔木;叶被密生锈色绒毛,羽状平行叶脉下陷明显,叶缘生疏锯齿;冬季花,白色,有异香。

木瓜 *Chaenomeles sinensis* (Thouin) Koehne

灌木或乔木;小枝无刺;花粉色;有短果柄,果实长椭圆形,熟后呈暗黄色,有香味。

皱皮木瓜 *Chaenomeles speciosa* (Sweet) Nakai

落叶灌木;枝密刺多;花大红色;果近于无柄,贴生于枝条,果卵球形,熟后黄色,有香味。

杜梨 *Pyrus betulaefolia* Bge.

乔木;枝常具刺,叶及嫩枝在早春发出时被灰白色毛绒;伞形总状花序;花瓣白色;果实球形,味似梨。

西府海棠 *Malus micromalus* Makino

小乔木;伞形总状花序;萼筒密被白色长绒毛,花瓣粉红色;果实球形,红色,形、味似苹果。

垂丝海棠 *Malus halliana* Koehne

乔木;伞房花序;花梗细弱,常下垂,萼片及萼筒外面无毛,内面有绒毛,花瓣粉红色;果实梨形。

木香花 *Rosa banksiae* Ait.

攀缘小灌木;小枝绿色,皮刺极稀疏;多朵小白花组成伞形花序,重瓣。

粉团蔷薇 *Rosa multiflora* Thunb. var. *cathayensis* Rehd. et Wils.

攀缘灌木;小枝皮刺较多;圆锥花序;花瓣单瓣,粉色,有香味。

七姊妹 *Rosa multiflora* Thunb. var. *carnea* Thory

攀缘灌木;小枝皮刺较多;圆锥花序;花瓣重瓣粉色,气芬芳。

月季花 *Rosa chinensis* Jacq.

直立灌木;具钩状皮刺;一回奇数羽状复叶,顶生小叶较大;单花生于枝顶,较大,重瓣,有香叶,花色较多。

龙牙草 *Agrimonia pilosa* Ldb.

多年生草本;全株被柔毛;根状茎块状,冬芽长,尖锐;一回奇数羽状复叶间断,大小叶交杂;花序穗状,黄色;果实有钩刺。

地榆 *Sanguisorba officinalis* L.

多年生草本;根粗壮,呈纺锤形,断面黄白或紫红;一回羽状复叶,有小叶叶柄,小叶卵形或长圆状卵形;紫色穗状花序圆柱形。

长叶地榆 *Sanguisorba officinalis* L. var. *longifolia*(Bertol.)Yü et Li

地上地下部分形态似地榆,小叶带状长圆形,这点与地榆有较大区别。

茅莓 *Rubus parvifolius* L.

灌木;全株被钩状皮刺;复叶,小叶常见三枚,叶缘有粗锯齿;紫红色伞房花序;聚合果卵球形,酸甜多汁。

蓬蘽 *Rubus hirsutus* Thunb.

灌木;全株有皮刺;复叶常见五枚小叶;花白色,较大;聚合果球形。

蛇莓 *Duchesnea indica*(Andr.)Focke

多年生匍匐草本;有匍匐茎;叶常见三深裂;有两层形态差别较大的副花萼;聚合瘦果成熟后红色,似草莓,但小,无味。

朝天委陵菜 *Potentilla supina* L.

一年生草本;羽状复叶,小叶叶缘有缺刻状锯齿;聚伞花序伞房状;花黄色。

三叶朝天委陵菜 *Potentilla supina* L. var. *teynata* Peterm.

植株分枝多;基生叶小叶三枚;植株较朝天委陵菜矮小。

莓叶委陵菜 *Potentilla fragarioides* L.

多年生草本;一回羽状复叶,簇生,小叶间隔稀疏,卵形或倒卵形,被毛,有齿;黄色聚伞花序伞房状。

委陵菜 *Potentilla chinensis* Ser.

多年生草本;根粗壮;幼叶被较长白色绢毛,一回奇数羽状复叶,叶缘缺刻明显,小叶间隔较密;花黄色。

翻白草 *Potentilla discolor* Bge.

多年生草本;根纺锤形,肉质;一回奇数羽状复叶,小叶间隔较疏,向阳叶面绿色,背面白色,叶柄纤细;花黄色。

蛇含委陵菜 *Potentilla kleiniana* Wight et Arn.

匍匐阴生小草本;多须根及须状不定根;掌状五小叶;花黄色。

绢毛匍匐委陵菜 *Potentilla reptans* L. var. *sericophylla* Franch.

匍匐阳生小草本;地下具纺锤形小块根;掌状五小叶;花黄色,较蛇含委陵菜稍大。

桃 *Amygdalus persica* L.

乔木;老茎破损处常分泌胶质;叶长圆状披针形,叶缘有细锯齿;粉红色花单生,先叶开放;果核表面具纵、横沟纹和孔穴;种仁微苦。

梅 *Armeniaca mume* Sieb.

小乔木;小枝绿色;叶卵形,叶缘具小锐锯齿;花色各异,有萼及萼筒,雌蕊柱头单一或多个,有香味;果实有核,木质。

紫叶李 *Prunus cerasifera* Ehrhar f. *atropurpurea* (Jacq.) Rehd.

小乔木;叶紫色;春花粉白色。

东京樱花 *Cerasus yedoensis* (Matsum.) Yü et Li

乔木;树皮银灰色;叶椭圆形,具尾尖,叶缘具尖锐重锯齿;白色花先叶开放,花瓣五,顶部凹陷。

染井吉野 *Cerasus yedoensis* (Matsum.) Yü et Li '*Somei-yoshino*'

乔木;树皮呈银灰色或黑色;伞房花序簇聚如云;白色花先于叶开放,花瓣五,短圆。

日本晚樱 *Cerasus serrulata* G. Don var. *lannesiana* (Carr.) Makino

乔木;花开于春末,花团锦簇,粉红色,重瓣。

樱桃 *Cerasus pseudocerasus* (Lindl.) G. Don

乔木;树干皮孔明显,灰褐色;花先叶开放,单瓣,白色;核果球形,熟时鲜红色。

麦李 *Cerasus glandulosa* (Thunb.) Lois.

灌木;叶长圆披针形,最宽处在叶片中部;花粉色或白色;核果熟时鲜红色。

3.6.49　豆科 Fabaceae

合欢 *Albizia julibrissin* Durazz.

乔木;树冠冠盖状;二回偶数羽状复叶,小叶不对称,镰形;粉色头状花序,花丝较长;荚果。

云实 *Caesalpinia decapetala* (Roth) Alston

攀缘状多刺藤本;二回羽状复叶;总状花序,黄色;花瓣盛开时反折;荚果。

皂荚 *Gleditsia sinensis* Lam.

乔木;茎干多具有分枝的粗壮刺;一回羽状复叶;荚果带状。

决明 *Senna tora* (L.) Roxb.

一年生草本;偶数羽状复叶,小叶六;花黄色;荚果纤细;种子菱形,光亮。

望江南 *Cassia occidentalis* (Link)

草本或亚灌木;偶数羽状复叶,小叶卵状披针形;总状花序,黄色;荚果镰形。

紫荆 *Cercis chinensis* Bunge

丛生灌木;叶近圆形,基部心形;花紫色,簇生于老枝上;荚果扁。

苦参 *Sophora flavescens* Alt.

多年生草本;根粗大,味极苦;一回奇数羽状复叶;总状花序,黄白色;荚果缢缩呈念珠状。

槐 *Sophora japonica* Linn.

乔木;一回奇数羽状复叶;圆锥花序顶生;花冠黄白色;荚果呈串珠状。

龙爪槐 *Sophora japonica* Linn. f. *pendula* Hort.

小乔木;花、叶同槐;变形枝及小枝均下垂。

印度草木犀 *Melilotus indica* (Linn.) All.

一年生草本;茎直立;托叶披针形,羽状三出复叶,小叶倒卵状楔形,叶缘 2/3 以上有细锯齿;总状花序细小,黄色。

白花草木犀 *Melilotus alba* Medic. ex Desr.

一、二年生草本;羽状三出复叶,小叶长圆形或倒披针状长圆形;花冠白色。

天蓝苜蓿 *Medicago lupulina* Linn.

越年生草本;茎平卧上升;羽状三出复叶;头状花序小,黄色;荚果呈肾形,熟时黑色。

小苜蓿 *Medicago minima* (Linn.) Grufb.

一年生草本;茎铺散上升;羽状三出复叶,头状花序;苞片刺毛状,花黄色;荚果旋转三至五圈,被长棘刺;种子长肾形。

南苜蓿 *Medicago polymorpha* Linn.

越年生草本;羽状三出复叶,托叶耳状;花黄色;荚果顺时针方向旋转,果荚边缘具棘刺;种子长肾形。

白车轴草 *Trifolium repens* Linn.

草本;茎匍匐蔓生;掌状三出复叶,叶面常有环状白色斑纹;头状花序白色;荚果长圆形。

葛 *Pueraria montana* (Lour.) Merrill

粗壮木质藤本;粗厚块根;羽状三小叶,大型;总状花序长 15~20 cm,花冠紫色;荚果长椭圆形。

绿豆 *Vigna radiata* (Linn.) Wilczek

一年生草本;羽状复叶三小叶;总状花序腋生,黄绿色;荚果线状圆柱形;种子淡绿色。

扁豆 *Lablab purpureus* (Linn.) Sweet

缠绕草本;羽状复叶三小叶,顶生小叶宽三角状卵形;花冠紫色或白色;荚果镰形。

蚕豆 *Vicia faba* Linn.

一年生草本;根瘤粉红色;偶数羽状复叶;花序腋生;花冠白色,有紫色及黑色斑纹;荚果肥厚。

歪头菜 *Vicia unijuga* A. Br.

多年生草本;小叶一对,叶轴末端为细尖刺或卷须;总状花序单一,紫色;荚果扁,长圆形。

救荒野豌豆 *Vicia sativa* Linn.

越年生草本;偶数羽状复叶,叶轴末端为具分枝的卷须,托叶戟形;花冠紫红色。

长柔毛野豌豆 *Vicia villosa* Roth

一年生草本;偶数羽状复叶,叶轴末端为具分枝的卷须,托叶披针形或二深裂;总状花序腋生,有较多紫色小花。

小巢菜 *Vicia hirsuta* (Linn.) S. F. Gray.

一年生攀缘小草本;偶数羽状复叶末端有分枝卷须;白色花甚小,聚集于花序轴末端。

广布野豌豆 *Vicia cracca* Linn.

攀缘或蔓生草本;偶数羽状复叶,小叶先端锐尖或圆形;总状花序与叶轴等长,花密集偏向一侧,蓝紫色。

河北木蓝 *Indigofera bungeana* Walp.

小灌木;羽状复叶被丁字毛,小叶椭圆形;总状花序花密集,紫色或紫红色;荚果线状圆柱形。

紫穗槐 *Amorpha fruticosa* Linn.

丛生落叶灌木;奇数羽状复叶,小叶卵形;紫色穗状花序顶生或顶部腋生。

紫藤 *Wisteria sinensis* (Sims) Sweet

落叶木质藤本;奇数羽状复叶,小叶卵状披针形;淡紫色总状花序披垂。

刺槐 *Robinia pseudoacacia* Linn.

落叶乔木;一回羽状复叶,具托叶刺;总状花序白色腋生,下垂。

锦鸡儿 *Caragana sinica* (Buc'hoz) Rehd.

灌木;小枝有棱;托叶三角形,刺状,小叶二对;花单生,花冠黄色,常带红色。

甘草 *Glycyrrhiza uralensis* Fisch.

多年生草本;地下部分粗壮,甘味;一回羽状复叶,小叶长卵形,被毛;总状花序淡紫色;荚果镰形,弯曲密集成球。

少花米口袋 *Gueldenstaedtia verna* (Georgi) Boriss.

多年生草本;地下部分圆锥形,膨大;一回奇数羽状复叶,基生;伞形花序密生于花序梗顶部,有二至六朵紫色小花;荚果圆筒形。

细梗胡枝子 *Lespedeza virgata*（Thunb.）D C.

小灌木;羽状复叶三小叶;总状花序腋生,总花梗纤细。

截叶铁扫帚 *Lespedeza cuneata*（Dum. -Cours.）G. Don

小灌木;羽状复叶三小叶,叶密集,小叶顶部平截,具小尖刺;黄白色总状花序腋生,总花梗较短。

尖叶铁扫帚 *Lespedeza juncea*（Linn. f.）Pers.

小灌木;羽状复叶三小叶,叶密集,小叶顶部尖或圆钝,具小尖刺;黄白色总状花序腋生,总花梗较短。

多花胡枝子 *Lespedeza floribunda* Bunge

小灌木;羽状三小叶,小叶常倒卵形,先端凹、钝;总状花序腋生,明显超出叶长;花冠紫色,秋花。

鸡眼草 *Kummerowia striata*（Thunb.）Schindl.

一年生平卧草本;小枝毛向下;三出羽状复叶,小叶平行羽状脉明显,掐之不整齐,小叶倒卵形,先端圆形;花小,腋生,花冠粉红色或紫色。

长萼鸡眼草 *Kummerowia stipulacea*（Maxim.）Makino

一年生草本;小枝毛向上;三出羽状复叶,小叶卵状楔形,先端常见微凹;花一至二朵腋生。

3.6.50　酢浆草科 Oxalidaceae

酢浆草 *Oxalis corniculata* L.

小匍匐草本;多分枝;小叶三,倒心形,味酸;花瓣五,黄色,雄蕊十,柱头五;蒴果有五棱。

红花酢浆草 *Oxalis corymbosa* D C.

多年生草本;地下部分肉质;花瓣红色。

3.6.51　牻牛儿苗科 Geraniaceae

天竺葵 *Pelargonium hortorum* Bailey

多年生直立草本;基部木质,上部肉质;叶具有鱼腥味,互生,叶片圆形或肾形,边缘具波状浅齿;伞形花序红色。

马蹄纹天竺葵 *Pelargonium zonale* Aif.

叶面有马蹄形斑纹;其余类似天竺葵。

野老鹳草 *Geranium carolinianum* L.

一年生小草本;花淡紫色;果实长鸟喙状,有棱。

3.6.52　蒺藜科 Zygophyllaceae

蒺藜 *Tribulus terrester* L.

一年生平卧草本;偶数羽状复叶,小叶对生,矩圆形;花黄色,腋生,花梗短;果实有长刺及瘤状突起。

3.6.53　大戟科 Euphorbiaceae

算盘子 *Glochidion puberum*（Linn.）Hutch.

直立小灌木;叶长圆形,近革质,叶脉于叶被凸起;蒴果扁球状,熟时红色。

黄珠子草 *Phyllanthus virgatus* Forst.

一年生直立草本;茎有不明显棱;叶长圆形,基部偏斜,叶柄极短;雄花、雌花簇生于叶腋;蒴果稍扁球形,果柄丝状。

一叶萩 *Flueggea suffruticosa*（Pall.）Baill.

灌木;叶椭圆形,叶缘有细锯齿;花小,生于叶腋,雌雄异株;蒴果三棱状扁球形,垂于枝条下。

重阳木 *Bischofia polycarpa*（Levl.）Airy Shaw

落叶乔木;叶互生,三出复叶。

鸡骨香 *Croton crassifolius* Geisel.

一年生草本;全株密被绒毛;叶卵形;总状花序顶生;果近球形,具三棱。

山麻杆 *Alchornea davidii* Franch.

灌木;早春叶鲜红,叶片阔卵形,基部心形,常见二个斑点状腺体;花序柔荑状;果具三圆棱。

铁苋菜 *Acalypha australis* L.

一年生草本;叶菱状卵形,基出三脉;花序生于叶腋,花序梗明显,苞片卵状心形,果期增大,又叫海蚌含珠;果圆三棱形。

蓖麻 *Ricinus communis* L.

一年生粗壮草本;掌状叶多裂;圆锥花序;蒴果卵球形,密生软刺。

乌桕 *Sapium sebiferum*（Linn.）Small.

乔木;树干虬曲;叶互生,菱形;蒴果梨状球形;种子外被白色蜡质假种皮。

一品红 *Euphorbia pulcherrima* Willd. ex Klotzsch

直立灌木;叶互生,卵状椭圆形;苞叶朱红色;蒴果三棱状圆形。

大戟 *Euphorbia pekinensis* Rupr.

多年生草本;根肉质,圆柱状;叶互生,椭圆形;苞叶二,腺体四,半圆形或肾形。

乳浆大戟 *Euphorbia esula* Linn.

形类似大戟,其无纺锤形肉质根,腺体四,新月形,与大戟不同。

泽漆 *Euphorbia helioscopia* Linn.

一年生草本;总伞幅五;腺体四,盘状。

地锦 *Euphorbia humifusa* Willd. ex Schlecht.

一年生匍匐草本;茎无毛。

斑地锦 *Euphorbia maculata* Linn.

一年生匍匐草本;茎有毛;叶中部常有长圆形紫色斑点。

匍匐大戟 *Euphorbia prostrata* Ait.

一年生匍匐草本;茎被少许柔毛;子房脊背有稀疏白色柔毛。

通奶草 *Euphorbia hypericifolia* Linn.

一年生草本;茎直立;腺体四,周围有白色或淡粉色附属物。

3.6.54　芸香科 Rutaceae

白鲜 *Dictamnus dasycarpus* Turcz.

多年生宿根草本;根黄白色,肉质,表面有细密瘤状突起,羊膻味。

吴茱萸 *Tetradium ruticarpum* (Juss.) Benth.

小乔木;奇数羽状复叶,揉碎有强烈气味;聚伞圆锥花序;果熟后红色,味辛辣。

野花椒 *Zanthoxylum simulans* Hance

灌木;奇数羽状复叶,有叶轴翅,叶面有透明油点;果熟后红色,味麻辣。

竹叶花椒 *Zanthoxylum armatum* D C.

小乔木;茎多锐刺;小叶叶脉上下均有刺,叶薄革质,有透明油点;果实类似花椒。

枳(枸橘) *Poncirus trifoliata* Linn.

小乔木;枝扁平,绿色,多刺;花白色;果实表面有毛,味酸苦。

3.6.55　苦木科 Simaroubaceae

臭椿 *Ailanthus altissima* (Mill.) Swingle

落叶乔木;奇数羽状复叶,有特殊气味;圆锥花序;翅果长椭圆形。

3.6.56　楝科 Meliaceae

香椿 *Toona sinensis* (A. Juss.) Roem.

落叶乔木;树皮片状脱落;偶数羽状复叶,有特殊气味;蒴果椭圆形。

棟（苦楝）*Melia azedarach* Linn.
乔木；二至三回奇数羽状复叶；圆锥花序紫色；种子椭圆形。

3.6.57　远志科 Polygalaceae

远志 *Polygala tenuifolia* Willd.
多年生直立小草本；根肉质，有木心；叶线状披针形；总状花序紫色；花瓣具流苏状附属物；蒴果圆形，扁平。

瓜子金 *Polygala japonica* Houtt.
多年生小草本；茎丛生；叶互生，卵形；总状花序紫色。

3.6.58　漆树科 Anacardiaceae

黄连木 *Pistacia chinensis* Bunge
乔木；一回奇数羽状复叶，小叶秋后变红；核果成熟后有多种颜色。
南酸枣 *Choerospondias axillaris*（Roxb.）Burtt et Hill.
乔木；果实成熟时黄色，果肉可食，味酸，果核木质，顶部有四至五个明显小孔。
盐肤木 *Rhus chinensis* Mill.
乔木；一回羽状复叶，有叶轴翅，被毛。

3.6.59　槭树科 Aceraceae

三角槭（三角枫）*Acer buergerianum* Miq.
乔木；叶三浅裂，对生；翅果。
鸡爪槭 *Acer palmatum* Thunb.
落叶小乔木；叶掌状分裂，裂片先端锐尖或长锐尖；花紫，杂性；翅果张开呈钝角。

3.6.60　无患子科 Sapindaceae

无患子 *Sapindus saponaria* L.
落叶乔木；偶数羽状复叶；圆锥花序顶生黄色；果实球形，熟后黄色。
全缘叶栾树 *Koelreuteria bipinnata* Franch. var. *integrifoliola*（Merr.）T. Chen
落叶乔木；二回羽状复叶，小叶常全缘，有时边缘有锯齿；圆锥花序黄色；蒴果具三棱，椭圆形（近球形），熟后红色。

3.6.61　七叶树科 Hippocastanaceae

日本七叶树 *Aesculus turbinata* Blume

落叶乔木；掌状五至七小叶，小叶长圆披针形；花序圆筒形，白色；果实球形，黄褐色，果壳密生斑点。

3.6.62　凤仙花科 Balsaminaceae

凤仙花 *Impatiens balsamina* L.

一年生肉质草本；下部节常膨大；叶互生，披针形；花单生或二至三朵簇生于叶腋，唇瓣具弯曲的尾部（矩）。

3.6.63　冬青科 Aquifoliaceae

枸骨 *Ilex cornuta* Lindl. et Paxt.

常绿灌木；叶厚革质，四角状长圆形，先端三枚刺，顶刺下折，基部两枚刺；果球形，熟时鲜红色。

3.6.64　卫矛科 Celastraceae

扶芳藤 *Euonymus fortunei*（Turcz.）Hand.-Mazz.

常绿藤本；叶对生；子房三角锥状，四棱；蒴果粉红色，近球形；假种皮鲜红色。

冬青卫矛 *Euonymus japonicus* Thunb.

灌木；小枝四棱；叶缘有浅细钝锯齿；蒴果近球形；假种皮鲜红色。

金边黄杨 *Euonymus japonicus* Thunb. var. *aurea-marginatus* Hort.

形同冬青卫矛；叶缘及主脉附近有金色纹脉。

白杜 *Euonymus maackii* Rupr.

小乔木；叶柄细长；聚伞花序；蒴果倒圆心形，四浅裂；假种皮鲜红色。

卫矛 *Euonymus alatus*（Thunb.）Sieb.

灌木；枝条具木栓翅；叶卵状椭圆形，几乎无叶柄。

3.6.65　黄杨科 Buxaceae

黄杨 *Buxus sinica*（Rehder et Wilson）Cheng.

灌木；枝圆柱形，有纵棱；叶革质，阔倒椭圆形。

小叶黄杨 *Buxus sinica*（Rehd. et Wils.）Cheng var. *parvifolia* M. Cheng

灌木；叶薄革质，阔椭圆形或阔卵形。

匙叶黄杨 *Buxus harlandii* Hance

小灌木;小枝近四棱形;叶匙形。

3.6.66　鼠李科 Rhamnaceae

枳椇 *Hovenia acerba* Lindl.

落叶乔木;叶互生,宽卵形;二歧聚伞圆锥花序,花序轴肉质多汁;核果浆果状呈球形。

酸枣 *Ziziphus jujuba* Mill. var. *spinosa* (Bunge) Hu ex H. F. Chow

灌木;节上刺一长一短,一直一弯;核果矩圆形,味酸甜。

多花勾儿茶 *Berchemia floribunda* (Wall.) Brongn.

藤状灌木;幼枝黄绿色;叶互生,卵状椭圆形,羽状平行脉下凹明显;核果较小。

3.6.67　葡萄科 Vitaceae

桑叶葡萄 *Vitis heyneana* Roem. et Schult. subsp. *ficifolia* (Bge.) C. L. Li

木质藤本;叶卵状五角形,叶背密被蛛丝状毛;圆锥花序。

蘡薁 *Vitis bryoniaefolia* Bunge.

木质藤本;叶长圆卵形,三、五、七深裂或浅裂,被蛛丝状毛。

异叶地锦 *Parthenocissus dalzielil* Gagnep.

木质藤本;叶三浅裂或三全裂;卷须吸盘状。

五叶地锦 *Parthenocissus quinquefolia* (L.) Planch.

木质藤本;掌状五小叶;卷须吸盘状。

白蔹 *Ampelopsis japonica* (Thunb.) Makino

无毛木质藤本;块根纺锤形;掌状三至五小叶;果实球形,熟后白色。

乌蔹莓 *Cayratia japonica* (Thunb.) Gagnep.

草质藤本;鸟趾状复叶五小叶,顶生小叶较大;复二歧聚伞花序。

3.6.68　杜英科 Elaeocarpaceae

秃瓣杜英 *Elaeocarpus glabripetalus* Merr.

乔木;叶倒披针形,老后红色;总状花序白色;核果椭圆形。

3.6.69　椴树科 Tiliaceae

光果田麻 *Corchoropsis crenata* var. *hupehensis* Pamp.

一年生草本;常有分枝;叶卵形,叶缘有钝牙齿;花黄色;蒴果角状圆筒形,无毛。

小花扁担杆 *Grewia biloba* G. Don var. *parviflora*（Bunge）Hand. -Mazz.
灌木；椭圆形叶，基出三脉明显，托叶钻形；聚伞花序腋生；核果红色。

3.6.70　锦葵科 Malvaceae

黄蜀葵 *Abelmoschus manihot*（Linn.）Medicus
一年生草本；叶掌状深裂，裂片披针形；花大，淡黄色；蒴果卵状椭圆形；种子肾形。

苘麻 *Abutilon theophrasti* Medicus
一年生草本；全株被柔毛；叶互生，圆心形；花黄色；蒴果半球形，分果片顶端具芒。

蜀葵 *Alcea rosea* L.
二年生高大直立草本；叶掌状分裂；花腋生，排列成总状，花色各异。

咖啡黄葵（秋葵）*Abelmoschus esculentus*（Linn.）Moench
一年生草本；叶掌状分裂，裂片有阔有狭；花黄色，基部紫色；蒴果筒状尖塔形。

木芙蓉 *Hibiscus mutabilis* Linn.
多年生灌木状高大草本；叶掌状分裂，裂片三角形；花粉红色；蒴果扁球形。

木槿 *Hibiscus syriacus* Linn.
落叶灌木；叶菱形，先端常三裂；花淡紫色，钟形。

白花重瓣木槿 *Hibiscus syriacus* Linn. f. *albus-plenus* Loudon
形似木槿；白花重瓣与木槿不同。

野西瓜苗 *Hibiscus trionum* Linn.
一年生草本；叶二型，下部叶圆形，上部叶呈掌状三至五深裂，裂片长圆形；花淡黄色。

3.6.71　梧桐科 Sterculiaceae

梧桐 *Firmiana simplex*（L.）W. Wight
落叶乔木；树干青色；叶大型，掌状分裂；蓇葖果膜质。

3.6.72　瑞香科 Thymelaeaceae

结香 *Edgeworthia chrysantha* Lindl.
灌木；皮极坚韧；头状花序常顶生，多数小花呈绒球状。

芫花 *Daphne genkwa* Sieb. et Zucc.
小灌木；叶互生，卵形；紫色花先叶开放，簇生；果实成熟后白色。

3.6.73　胡颓子科 Elaeagnaceae

胡颓子 *Elaeagnus pungens* Thunb.

常绿灌木;枝顶有刺;叶革质,阔椭圆形,叶背有褐色鳞片;花白色,萼筒状漏斗形;果实椭圆,熟后红色。

木半夏 *Elaeagnus multiflora* Thunb.

直立落叶灌木;叶纸质,椭圆形;花梗纤细,萼筒圆筒形;果实椭圆形。

3.6.74　堇菜科 Violaceae

心叶堇菜 *Viola yunnanfuensis* W. Becker

多年生草本;无地上茎;叶呈卵形,基部深心形,叶柄在果期远长于叶片;花淡紫色。

犁头叶堇菜 *Viola magnifica* C. J. Wang et X. D. Wang

多年生草本;无地上茎;叶三角状卵形,果期叶片增大,基部深心形,叶缘具粗锯齿。

紫花地丁(光瓣堇菜) *Viola philippica* Cav.

多年生草本;无地上茎;叶通常较小,多数,基生莲座状,长圆形或长圆状卵形,叶柄有翅;花紫色。

白花地丁 *Viola patrinii* D C. ex Ging.

多年生草本;无地上茎;叶三至五基生,长圆形、椭圆形,具翅;花白色,有紫色斑纹。

斑叶堇菜 *Viola variegata* Fisch ex Link

多年生草本;无地上茎;叶圆形或圆卵形,沿叶脉有白色斑纹;花淡紫色。

早开堇菜 *Viola prionantha* Bunge

多年生草本;无地上茎;叶于花期呈长圆状卵形,卵状披针形,果期叶片明显增大,三角状卵形;花紫色或淡紫色。

长萼堇菜 *Viola inconspicua* Blume

多年生草本;无地上茎;叶三角形、三角状卵形或戟形,有狭翅;花淡紫色。

深山堇菜 *Viola selkirkii* Pursh ex Gold

多年生草本;叶基生,卵状心形,叶基耳垂明显;花淡紫色;果实无毛。

3.6.75　柽柳科 Tamaricaceae

柽柳 *Tamarix chinensis* Lour.

乔木,常呈灌木状;叶二型,长圆状披针形、钻形;总状花序粉色。

3.6.76 秋海棠科 Begoniaceae

秋海棠 *Begonia grandis* Dry.

多年生草本;根状茎球形;叶片卵形,中脉两侧不对称;花葶有纵棱;花柱三,花淡紫色。

3.6.77 葫芦科 Cucurbitaceae

栝楼 *Trichosanthes kirilowii* Maxim.

多年生草质藤本;块根肥大;叶近圆形,掌状分裂或不裂,叶上粗糙;花冠白色,有丝状流苏;果实椭圆形,熟后橙黄色。

丝瓜 *Luffa cylindrica* (Linn.) Roem.

一年生草质藤本;卷须二至四分枝;叶三角形近圆形,掌状分裂;花冠黄色,辐状;果实圆柱状。

3.6.78 千屈菜科 Lythraceae

紫薇 *Lagerstroemia indica* Linn.

小乔木;小枝具四棱;叶互生,也可见对生,椭圆形;圆锥花序淡紫色;花瓣六,皱缩;蒴果圆球形。

千屈菜 *Lythrum salicaria* Linn.

多年生草本;茎直立,四棱,多分枝,披针形对生或轮生;聚伞花序穗状,紫色。

3.6.79 石榴科 Punicaceae

石榴 *Punica granatum* Linn.

灌木;枝顶常呈刺状,幼枝有棱;叶常对生,矩圆状披针形;萼筒厚肉质;花大,红色或白色。

3.6.80 柳叶菜科 Onagraceae

月见草 *Oenothera biennis* L.

二年生草本;基生叶莲座状,被长毛;花期抽茎;花序穗状;花黄色,较大。

假柳叶菜 *Ludwigia epilobiloides* Maxim.

一年生直立草本;茎上部四棱;全株近无毛;叶狭椭圆形;花黄色;蒴果四棱。

3.6.81 八角枫科 Alangiaceae

八角枫 *Alangium chinense* (Lour.) Harms

落叶灌木；小枝呈"之"字形；叶互生，基部偏斜；聚伞花序腋生，黄白色；花瓣线形，后期反卷；核果卵圆，青时有瓜皮纹。

3.6.82　蓝果树科 Nyssaceae

喜树 *Camptotheca acuminata* Decne.

乔木；叶互生，矩圆状卵形；花杂性同株；果序圆球形；种子具窄翅。

3.6.83　山茱萸科 Cornaceae

花叶青木（洒金叶珊瑚）*Ancuba japonica* Thunb. var. *variegata* D'ombr.

常绿灌木；叶革质，对生，长椭圆形，叶边缘疏锯齿，叶面有大小不规则的黄色斑点。

山茱萸 *Cornus officinalis* Sieb. et Zucc.

落叶乔木；叶对生，卵形，叶脉腋间丛生棕毛；伞形花序黄色；核果长圆形，熟时鲜红色，果核骨质。

3.6.84　五加科 Araliaceae

常春藤 *Hedera nepalensis* var. *sinensis*（Tobler）Rehd.

常绿木质藤本，常攀缘在大树上；营养枝上叶片三角状卵形，主脉常见明显灰白叶脉纹。

细柱五加 *Eleutherococcus nodiflorus*（Dunn）S. Y. Hu

落叶有刺灌木；掌状五小叶；花果序头状。

八角金盘 *Fatsia japonica*（Thunb.）Decne. et Planch.

灌木；叶掌状分裂；伞形花序球形；果实卵形。

3.6.85　伞形科 Umbelliferae

天胡荽 *Hydrocotyle sibthorpioides* Lam.

多年生匍匐草本，有气味；叶圆形，叶缘有不规则齿裂；小伞形花序，黄绿色。

铜钱草（野天胡荽）*Hydrocotyle vulgaris* L.

多年生匍匐草本；叶圆形盾状，叶缘有稀疏圆齿；花序伞形，有香气。

小窃衣 *Torilis japonica*（Houtt.）D C.

一年生粗糙草本；叶长卵形，一至二回羽状分裂；小伞形花序有花数朵，白色；双悬果钩人衣物。

芫荽 *Coriandrum satirum* L.

越年生草本，有强烈气味；茎光滑，下部常为紫色；叶一至二回羽状全裂；伞形花序外围有白色不孕花。

明党参 *Channgium smyrnioides* Wolff

多年生草本;纺锤形根上部常有较长的索状根状茎;叶三出式的二至三回羽状全裂,叶片表面油亮;白色复伞形花序。

红柴胡 *Bupleurum scorzonerifolium* Willd.

多年生有主根草本;根皮红褐色;枝条呈"之"字形弯曲;叶互生,线形;小伞形花序黄色,疏散,呈圆锥形。

细叶旱芹 *Cyclospermum leptophyllum*（Pers.）Sprague ex Britton et P. Wilson

一年生小草本;叶裂片丝线状;花白色。

水芹 *Oenanthe javanica*（Bl.）DC.

多年生近水喜湿草本;叶轮廓三角形,一至二回羽状分裂,叶缘牙齿或锯齿状;小伞形花序白色,有数朵花。

茴香(小茴香) *Foeniculum vulgare* Mill.

光滑草本;全株有强烈气味;叶裂片丝线状;复伞形花序黄色。

杭白芷 *Angelica dahurica*（Fisch. ex Hoffm.）Benth. et Hook. f. ex Franch. et Sav. cv. 'Hangbaizhi'

二年生高大草本;根圆锥形,第一年肉质,第二年木质,有浓烈香气;茎生叶二至三回羽状分裂,叶柄下部为囊状膨大叶鞘;复伞形花序白绿色。

铜山阿魏 *Ferula licentiana* Hand.-Mazz. var. *tunshanica*（Su）Shan et Q. X. Liu

多年生光滑草本;根颈有枯萎的叶鞘纤维;复伞形花序黄色;分果片长圆形,背腹扁压,果棱丝状隆起。

野胡萝卜 *Daucus carota* L.

二年生草本;全株有明显长毛;二至三回羽状全裂,末回裂片线形或披针形;白色复伞形花序紧凑;果期外围伞幅向内弯曲抱合。

3.6.86　报春花科 Primulaceae

过路黄 *Lysimachia christinae* Hance

多年生平卧草本;叶对生,卵圆形,透光可见腺条;花黄色,单生于叶腋。

虎尾草(狼尾花) *Lysimachia barystachys* Bunge

多年生直立草本;全株密被卷曲柔毛;总状花序密集,白色,常偏向一侧。

金爪儿 *Lysimachia grammica* Hance

多年生有毛草本;茎簇生;叶在茎下部对生,上部互生,叶面有黑色腺条;花黄色。

泽珍珠菜 *Lysimachia candida* Lindl.

一年生直立无毛草本;总状花序顶生,白色。

点地梅 *Androsace umbellata*（Lour.）Merr.

一年生小草本;叶全部基生,叶柄长,叶近圆形,两面有柔毛,叶缘具三角状钝牙齿;伞形花序白色;花萼果期增大,呈杯状,托举球形蒴果。

仙客来 *Cyclamen persicum* Mill.

多年生草本;块茎扁球形;叶心状卵形,与花葶同出;花大,玫红色,花冠裂片强烈反折。

3.6.87　柿科 Ebenaceae

柿 *Diospyros kaki* Thunb.

乔木;叶卵状椭圆形;花雌雄异株,花萼钟状,深四裂,宿存,花后增大增厚;果扁球形,熟后橙红色。

君迁子 *Diospyros lotus* Linn.

落叶乔木;叶椭圆形,先端尖;果球形或椭圆形。

3.6.88　木犀科 Oleaceae

金钟花 *Forsythia viridissima* Lindl.

落叶灌木;茎中部有白色片状髓;花数朵生于叶腋,黄色。

紫丁香 *Syringa oblata* Lindl.

灌木;叶卵圆形或肾形;圆锥花序紫色或白色。

流苏树 *Chionanthus retusus* Lindl. et Paxt.

落叶小乔木;叶薄,革质,椭圆形,对生;白色圆锥花序聚伞状;花冠深四裂,裂片线状倒披针形。

木犀 *Osmanthus fragrans*（Thunb.）Lour.

常绿灌木;叶对生,革质,椭圆形;聚伞花序簇生于叶腋,黄色、淡黄色或橘黄色;花冠四裂,雄蕊二,香气袭人。

女贞 *Ligustrum lucidum* Ait.

常绿乔木;圆锥花序顶生;果实常为肾形,熟后紫黑色,被白粉。

小叶女贞 *Ligustrum quihoui* Carr.

落叶灌木;叶形变异大;花序、花及果实类似女贞,但小。

金森女贞 *Ligustrum japonicum* Thunb. var. *Howardii*

常绿灌木;春季新叶黄绿色。

迎春花 *Jasminum nudiflorum* Lindl.

落叶灌木;枝条下垂,小枝四棱;三出复叶对生;花单生于叶腋,黄色。

3.6.89　马钱科 Loganiaceae

醉鱼草 *Buddleja lindleyana* Fortune
灌木;小枝四棱,茎皮褐色;叶对生,长圆状披针形;穗状聚伞花序顶生,紫色。

3.6.90　龙胆科 Gentianaceae

荇菜 *Nymphoides peltatum* (Gmel.) O. Kuntze
多年生水生草本;茎上部叶对生,下部叶互生,叶漂浮于水面,圆形,基部心形;花黄色。

3.6.91　夹竹桃科 Apocynaceae

长春花 *Catharanthus roseus* (L.) G. Don
半灌木;叶对生,倒卵状长圆形;聚伞花序腋生或顶生,有二至三朵花;花冠高脚碟状,红色。
白花夹竹桃 *Nerium indicum* Mill. cv. *Paihua*
常绿直立大灌木;叶轮生或对生,窄披针形,叶边缘稍反卷;聚伞花序顶生,白色。
蔓长春花 *Vinca major* Linn.
蔓生性半灌木;叶椭圆形,对生;花茎直立;花冠蓝色,花冠合生处白色;蓇葖果。
络石 *Trachelospermum jasminoides* (Lindl.) Lem.
常绿木质藤本,具乳汁;叶革质,椭圆形,对生;二岐聚伞花序顶生或腋生,白色;花冠裂片五,螺旋;蓇葖果双生裂开,似长豆角。

3.6.92　萝藦科 Asclepiadaceae

杠柳 *Periploca sepium* Bunge
蔓性灌木,具乳汁,全株无毛;叶卵状长圆形;聚伞花序腋生;副花冠环形;蓇葖果二,圆柱形。
萝藦 *Metaplexis japonica* (Thunb.) Makino
多年生具乳汁草质藤本;叶对生,卵状心形,叶耳圆;聚伞花序总状;花冠裂片披针形,反卷,内面被柔毛。

3.6.93　茜草科 Rubiaceae

栀子 *Gardenia jasminoides* Ellis

灌木;叶革质,多对生;花白色,极芳香,花萼顶部常六裂,檐状伸长,花冠裂片六,螺旋,花药线形,黄色;果熟后橙红色。

白蟾 *Gardenia jasminoides* Ellis var. *fortuniana* (Lindl.) Hara

形态同栀子;花白色重瓣。

白马骨 *Serissa serissoides* (D C.) Druce

小灌木;枝叶揉碎后有特殊气味;茎皮银灰色,茎节疏长;叶及花序簇生状;花白色。

鸡矢藤 *Paederia foetida* L.

全株有鸡屎气味的藤本;叶对生,叶形变化多,托叶三角形;浅紫色聚散花序呈圆锥状。

茜草 *Rubia cordifolia* Linn

草质藤本;茎四棱,密被倒生皮刺;叶轮生,长圆状披针形;黄白色聚伞花序腋生或顶生;花小,花冠裂片五,反卷。

蓬子菜 *Galium verum* Linn.

多年生直立草本;全株粗糙;叶轮生;黄色总状花序;花小;果小。

猪殃殃 *Galium spurium* L.

攀缘状草本;地上多分枝,常具倒生小刺毛;叶轮生,带状;聚伞花序腋生或顶生;花小;果有 1~2 个球形分果片。

3.6.94　旋花科 Convolvulaceae

马蹄金 *Dichondra micrantha* Urb.

多年生匍匐小草本;匍匐茎圆,细弱;叶肾圆形,似马蹄;花单生于叶腋,花柄短于叶柄,黄绿色,花小,5 数。

打碗花 *Calystegia hederacea* Wall. ex. Roxb.

一年生攀缘状无毛草本;地上茎有细棱;叶基部常戟形;苞片二,包被花萼,淡紫白色;花冠筒喇叭状,柱头二裂。

北鱼黄草 *Merremia sibirica* (Linn.) Hall. f.

缠绕草本;茎有细棱;叶卵状心形,顶部尾尖或长渐尖;淡粉色聚伞花序腋生;有数朵小花。

牵牛 *Ipomoea nil* (L.) Roth

一年生缠绕草本;叶宽卵形,三裂;花腋生,蓝色或紫红色;花冠漏斗状;蒴果近球形。

圆叶牵牛 *Ipomoea purpurea* Lam.

一年生缠绕草本;叶圆心形;花腋生,花冠漏斗状,紫红色。

茑萝松(茑萝) *Quamoclit pennata* (Desr.) Boj.

一年生柔弱缠绕草本;叶卵形,羽状深裂至中脉,裂片线形;花序腋生;花高脚碟状,深红色。

3.6.95　紫草科 Boraginaceae

田紫草(麦家公)*Lithospermum arvense* L.

一年生粗糙草本;叶互生,倒披针形或线形;聚伞花序生于枝顶;花白色或淡蓝色;小坚果表面有疣状凸起。

弯齿盾果草 *Thyrocarpus glochidiatus* Maxim.

一年生粗糙小草;叶匙形;总苞叶状,花淡蓝色或白色;小坚果四,碗齿内弯。

柔弱斑种草 *Bothriospermum zeylanicum* (J. Jacquin) Druce

一年生粗糙草本;叶椭圆形;花序细长柔弱;花冠蓝色,花管管喉部有 5 个梯状附属物;小坚果肾形。

附地菜 *Trigonotis peduncularis* (Trev.) Benth. ex Baker et Moore

越年生粗糙草本;茎多条分枝;叶有柄,匙形;花早春开,淡蓝色,花小。

3.6.96　马鞭草科 Verbenaceae

马鞭草 *Verbena officinalis* Linn.

多年生草本;茎四方;叶对生,卵圆形,茎生叶三深裂;穗状花序;花冠淡蓝色或淡紫色,裂片五。

马缨丹 *Lantana camara* Linn.

直立灌木;茎四棱形;单叶卵形,对生;花密集成头状;花冠初放时黄色,后转深红色;果圆球形。

牡荆 *Vitex negundo* L. var. *cannabifolia* (Sieb. et Zucc.) Hand.-Mazz.

落叶灌木;掌状复叶对生,小叶五或三,小叶片披针形,叶缘粗齿;圆锥花序顶生,紫色;果实球形,花萼宿存。

单花莸 *Caryopteris nepetaefolia* (Benth.) Maxim.

多年生蔓生草本;茎四棱形;叶宽卵形或圆形,对生;单花腋生,唇形花冠淡紫色,下唇中裂片大,雄蕊四,与花柱均伸出花管管外;蒴果四瓣裂。

华紫珠 *Callicarpa cathayana* H. T. Chang

灌木;小枝纤细;叶椭圆形或卵形,对生,叶缘生细锯齿;聚伞花序细弱,生于叶腋;果球形,紫色。

3.6.97　唇形科 Labiatae

多花筋骨草 *Ajuga multiflora* Bunge

多年生丛生状草本；全株密被白色长毛；花紫色。

金疮小草 *Ajuga decumbens* Thunb.

越年生草本；全株被白色长柔毛；轮伞花序多花，排列成间断的穗状。

黄芩 *Scutellaria baicalensis* Georgi

多年生粗壮主根草本，断面黄色，遇冷水变绿；叶披针形，对生，叶柄短；花序紫色，顶生，偏向一侧。

半枝莲 *Scutellaria barbata* D. Don

一年生近水小草本；花序牙刷状，整齐偏斜一边；花紫色。

夏至草 *Lagopsis supina*（Steph. ex Willd.）Ik. -Gal. ex Knorr.

多年生草本；主根圆锥形；茎四棱，具沟槽；叶对生，三深裂；轮伞花序白色，疏散。

藿香 *Agastache rugosa*（Fisch. et Mey.）O. Ktze.

多年生草本；茎四棱；叶心状卵形，基部心形；轮伞花序多花密集，呈圆筒形穗状，淡紫色。

活血丹 *Glechoma longituba*（Nakai）Kupr.

多年生匍匐草本，逐节生根；茎四棱；叶圆形或肾形，边缘具圆齿；花淡蓝色，生于叶腋，下唇有斑点。

夏枯草 *Prunella vulgaris* Linn.

多年生丛生草本；茎钝四棱，常为紫色；叶卵状长圆形，对生；淡紫色轮伞花序密集呈穗状花序；花冠上唇宽大扁平；全草入夏即枯。

宝盖草 *Lamium amplexicaule* Linn.

一年生或越年生小草；茎四棱；茎中上部叶片圆形，无叶柄；轮伞花序紫色；花管伸出明显。

益母草 *Leonurus japonicus* Houttuyn

一年生或越年生直立草本；茎四棱；基生叶近圆形，有圆齿，茎生叶掌状或羽状全裂，裂片条带状；花萼裂片五，末端芒刺状；轮伞花序紫色。

水苏 *Stachys japonica* Miq.

多年生直立草本；根状茎白色，肉质，螺形；叶对生，长圆状披针形，叶缘有圆齿；轮伞花序紫红色。

丹参 *Salvia miltiorrhiza* Bunge

多年生直立草本；根肥厚，肉质，根皮红色，断面白色；奇数羽状复叶常被柔毛；轮伞花序紫色；花冠较大，被柔毛。

荔枝草 *Salvia plebeia* R. Br.

一年生或越年生草本；叶脉间叶面凸起，似荔枝果壳；轮伞花序组成圆锥状。

华鼠尾草 *Salvia chinensis* Benth.

草本；全株被毛不明显，花期茎直立；叶背常为紫色，单叶或具三小叶的复叶；轮伞花序六花，上部逐渐密集，组成圆锥状。

一串红 *Salvia splendens* Ker-Gawl.

栽培直立草本；轮伞花序鲜红色，组成总状。

细风轮菜 *Clinopodium gracile*（Benth.）Matsum.

纤细多分支小草本；卵形叶单叶对生；轮伞花序淡紫色，在枝顶组成短总状。

薄荷 *Mentha canadensis* Linnaeus

多年生芬芳草本；茎直立；轮伞花序腋生，密集，淡紫色或白色。

地瓜儿苗（硬毛地笋）*Lycopus lucidus* Turcz var. *hirtus* Regel

多年生草本；蚕形根状茎白色，肉质；单叶，长圆状披针形，叶缘有尖粗锯齿；轮伞花序白色，腋生，较小，盛夏至入秋开花，常吸引苍蝇传粉。

紫苏 *Perilla frutescens*（Linn.）Britt.

常生于水边；叶背紫色，有香气。

歧伞香茶菜 *Isodon macrophylla*（Migo）C. Y. Wu et H. W. Li

地下部分木质团块状；地上茎四面沟槽明显；全株味极苦。

疏柔毛罗勒 *Ocimum basilicum* L. var. *pilosum*（Willd.）Benth.

一年生芳香草本；茎常多分支；叶卵圆形；花白色。

3.6.98　茄科 Solanaceae

枸杞 *Lycium chincnse* Mill.

多年生灌木；叶柄基部常见紫色；果熟时红色；种子似辣椒籽。

曼陀罗 *Darura stramonium* L.

一年生草本；全株近于无毛；蒴果有刺，如狼牙棒头，直立。

毛曼陀罗 *Datura innoxia* Mill.

一年生草本；全株有白毛；蒴果狼牙棒头状，弯垂。

龙葵 *Solanum nigrum* L.

一年生草本；浆果球形，熟时紫黑色，甘甜；种子似辣椒籽。

白英 *Solanum lyratum* Thunb.

草质藤本；全株密被毛；浆果球形，生时青色，熟时红色。

珊瑚樱 *Solanum pseudo-capsicum* L.

直立小灌木；浆果球形，熟时呈珊瑚红色或橙黄色；常见栽培观赏，亦见逸为野生种。

辣椒 *Capsicum annuum* L.

常为一年生草本;花白色,花药黄色,花冠裂片常向后反卷,花萼宿存杯状;果实味辣。

碧冬茄 *Petunia hybrida* Vilm.

一年生多腺毛草本;叶多见对生,有短柄或近无柄;花冠呈喇叭状,花色各异,常为紫红色。

3.6.99　玄参科 Scrophulariaceae

毛泡桐 *Paulownia tomentosa*（Thunb.）Steud.

高大乔木;叶片心形,较大,两面被毛;聚伞花序金字塔形;花紫白。

玄参 *Scrophularia ningpoensis* Hemsl.

草本;根胡萝卜状,脆嫩多汁,干燥后灰黑色;全株有特异气味。

弹刀子菜 *Mazus stachydifolius*（Turcz.）Maxim.

多年生有毛直立草本;茎圆柱形;叶匙形或长椭圆形,下部对生,上部互生;蓝紫色花冠唇形,上唇短,二裂,下唇宽大,有黄色斑点。

匍茎通泉草 *Mazus miquelii* Makino

多年生湿生草本,少毛或无毛;茎直立或匍匐;直立茎上叶多互生;总状花序稀疏;淡紫色唇形花冠,下唇大,三裂,中裂片小,有黄色斑点。

北水苦荬 *Veronica anagallis-aquatica* L.

多年生近水无毛草本;叶无柄,半抱茎,椭圆形;花冠浅紫色或白色;蒴果呈圆球形。

阿拉伯婆婆纳 *Veronica persica* Poir.

一年生铺散草本,全株有柔毛;卵形叶有齿;花序很长;苞片明显,花梗长,花蓝色,雄蕊 2。

婆婆纳 *Veronica Polita* Fries

多分支直立草本;叶对生或互生;花冠粉色或淡蓝色。

蚊母草 *Veronica peregrina* L.

多分支披散小草本,全株近于无毛;叶无柄,倒披针形或长矩圆形,中上部有稀疏三角状锯齿;花梗短,花冠白色;蒴果倒心形。

3.6.100　紫葳科 Bignoniaceae

梓 *Catalpa ovata* G. Don

乔木;叶对生或近于对生,阔卵形,基部心形,常三浅裂;圆锥花序淡黄色,顶生;蒴果线形,下垂。

凌霄 *Campsis grandiflora*（Thunb.）Schum.

木质藤本;奇数羽状复叶,小叶数常为七至九;花冠内面鲜红色,外面橙黄色。

厚萼凌霄 *Campsis radicans*(L.)Seem.

木质藤本;茎藤常见攀爬气生根;奇数羽状复叶,小叶缘有锯齿;花橙红色或鲜红色,萼厚,钟状;蒴果长圆柱形。

3.6.101　爵床科 Acanthaceae

爵床 *Justicia procumbens* L.

一年生草本,全株晒干后能较长时间保持绿色;茎有棱;叶椭圆形,对生;穗状花序顶生或腋生;花冠粉红色。

3.6.102　胡麻科 Pedaliaceae

芝麻 *Sesamum indicum* L.

直立栽培草本;叶矩圆形或卵形;白色花生于叶腋;蒴果矩圆形,有纵棱;种子有黑有白。

3.6.103　车前科 Plantaginaceae

车前 *Plantago asiatica* L.

多年生草本;须根;宽卵形叶莲座状,全部基生,无毛;穗状花序有无数小花;蒴果纺锤状卵形;种子细小,黑色,多数。

平车前 *Plantago depressa* Willd.

一年生或越年生草本;有明显主根;叶椭圆形或卵状披针形,全部基生,两面被白色柔毛。

3.6.104　忍冬科 Caprifoliaceae

接骨草 *Sambucus javanica* Blume.

多年生高大草本;茎有棱;小叶奇数羽状复叶的托叶有时呈腺体,对生;白色复伞形花序顶生;可见不孕黄色小花,呈杯状。

接骨木 *Sambucus williamsii* Hance

灌木,形似接骨草;茎上皮孔明显粗大。

绣球荚蒾 *Viburnum macrocephalum* Fort.

半常绿灌木;聚伞花序球形,全由淡绿色、白色不孕花组成。

琼花 *Viburnum macrocephalum* Fort. forma *keteleeri*(Carr.)Rehd.

灌木;宽卵形叶对生;聚伞花序呈伞形;外围有白色大型不孕花;果实熟后先红色后黑色。

荚蒾 *Viburnum dilatatum* Thunb.

落叶灌木;叶倒卵形,对生;白色聚伞花序呈复伞形,无不孕花;花叶较蝴蝶戏珠花与绣球荚蒾稍小。

珊瑚树 *Viburnum odoratissimum* Ker-Gawl.

常绿灌木;叶椭圆形或矩状椭圆形,革质;白色圆锥花序顶生或腋生;果实先红色后黑色。

金银忍冬 *Lonicera maackii*(Rupr.)Maxim.

落叶灌木;花冠筒先白后金黄,形色类似金银花。

忍冬 *Lonicera japonica* Thunb.

半常绿木质藤本;叶对生,形态质地变化较大;花冠唇形,初白色,后黄色,芬芳,雄蕊与花柱常伸出花冠筒。

红白忍冬 *Lonicera japonica* Thunb. var. *chinensis*(Wats.)Bak.

外形类似忍冬;花冠紫色与白色。

3.6.105　败酱科 Valerianaceae

败酱 *Patrinia scabiosaefolia* Link

多年生草本;地下部分气味如陈臭酱;花黄色。

攀倒甑(白花败酱) *Patrinia villosa*(Thunb.)Juss.

多年生草本;地下部分气味如陈臭酱;花白色。

3.6.106　桔梗科 Campanulaceae

桔梗 *Platycodon grandiflorus*(Jacq.)A. D C.

多年生宿根草本,全株有白色乳汁;三叶轮生;花紫色,形状如风铃。

沙参 *Adenophora stricta* Miq.

多年生宿根草本,全株有白色乳汁;叶互生;花序假总状;花紫色,形状如小风铃。

泡沙参 *Adenophora potaninii* Korsh.

多年生宿根草本;全株常有毛,灰绿色;叶互生,厚质,顶端钝截;全株有白色乳汁。

半边莲 *Lobelia chinensis* Lour.

贴地生小草;叶互生;花紫色,花冠开半边。

3.6.107　菊科 Compositae

佩兰 *Eupatorium fortunei* Turcz.

多年生草本;茎圆,常为紫色;叶对生,茎生叶不分裂或三全裂、三深裂;紫色头状花序呈复伞房状。

豚草 *Ambrosia artemisiifolia* L.

一年生草本;茎直立;下部叶对生,二次羽状分裂;总苞半球形,基部结合,雄花序位于上方,下垂,雌花序处下方,团伞状。

熊耳草 *Ageratum houstonianum* Miller

一年生草本;叶三角状卵形,对生,叶缘有规则锯齿;紫色头状花序呈复伞房状。

鬼针草 *Bidens pilosa* L.

一年生对生叶草本;下部叶三裂或不裂,中部叶三出,小叶卵状椭圆形;瘦果熟时黑色,顶部有三至四枚芒刺,具倒刺毛。

婆婆针 *Bidens bipinnata* L.

一年生对生叶草本;叶二回羽状分裂;瘦果熟时黑色,顶部有三至四枚芒期,具倒刺毛。

金盏银盘 *Bidens biternata* (Lour.) Merr. et Sherff

一年生对生叶草本;一回羽状复叶;瘦果熟时黑色,顶部有三至四枚芒期,具倒刺毛。

万寿菊 *Tagetes erecta* L.

一年生草本;叶一回羽状分裂,裂片披针形;头状花序单生,黄色或橙红色。

菊芋 *Helianthus tuberosus* L.

多年生具块状地下茎直立草本;叶卵圆形,对生,离基三出脉;黄色头状花序较大。

百日菊 *Zinnia elegans* Jacq.

一年生草本;叶对生,粗糙,基部抱茎,基出三脉;头状花序大,颜色各异。

豨莶 *Sigesbeckia orientalis* L.

一年生草本;叶对生,三角状卵圆形,三出基脉;总苞二层,外层线状匙形,有腺毛粘手;头状花序黄色。

鳢肠 *Eclipta prostrata* (L.) L.

一年生近水草本;叶对生,粗糙,披针形,揉碎后墨黑色;头状花序白色;瘦果熟后黑色,三棱。

大丽花 *Dahlia pinnata* Cav.

多年生草本;有棒状块根;叶一至三回羽状全裂;头状花序大,红色或紫色。

蓍 *Achillea millefolium* L.

多年生草本;无柄叶披针形,二至三回羽状全裂,末回裂片条形;白色头状花序密集成复伞房状。

马兰 *Aster indicus* L.

多年生湿生草本;有根状茎;茎下部叶在花期枯萎,茎叶倒披针形,中部以上有羽状裂;头状花序排成疏伞房状;花舌状,蓝紫色。

全叶马兰 *Aster pekinensis*(Hance)Kitag

多年生草本;直根长纺锤形;茎中部叶条状披针形,全缘。

野菊 *Chrysanthemum indicum* L.

多年生丛生草本;茎中部叶卵形或椭圆状卵形,羽状分裂;花黄色。

甘菊 *Chrysanthemum lavandulifolium*(Fischer ex Trautvetter)Makino

多年生草本,有地下匍匐茎;叶卵形,互生,叶缘裂片及齿锐尖,稀毛或无毛;头状花序黄色,构成稀疏复伞房花序。

滁菊 *Chrysanthemum morifolium* Ramat.'chuju'

多年生丛生草本;茎中部叶卵形,羽状分裂,裂片腋部圆洞状;头状花序在枝顶排成头状,白色舌状花层数多,长度一致,管状花区域大,黄色。

大马牙 *Chrysanthemum morifolium* Ramat.'damaya'

多年生丛生草本;茎中部叶卵形,羽状分裂,裂片腋部狭缝状;头状花序排成疏散总状,白色舌状花层数多,长短不整齐,管状花区域小,黄色。

加拿大一枝黄花 *Solidago canadensis* L.

多年生发达根状茎草本;叶披针形或线状披针形;黄色密集头状花序圆锥状。

线叶旋覆花 *Inula linearifolia* Turcz.

多年生草本;基部叶在花期常见,线状披针形,叶缘向下反卷;头状花序黄色,舌片线形。

香丝草(野塘蒿)*Erigeron bonariensis* L.

一年生或越年生草本;基生叶花期枯萎,下部叶倒披针形羽状,具粗齿,中上部叶线形;头状花序排成总状。

小蓬草 *Erigeron canadensis* L.

一年生草本;基生叶倒披针形,具疏齿,茎生叶线形,近全缘;头状花序多数,雌花舌状,白色,线形,管状花黄色。

一年蓬 *Erigeron annuus*(L.)Pers.

一年生或越年生草本;长圆形基生叶花期枯萎,茎生叶长圆状披针形;头状花序排列成疏松圆锥状,舌状花线形,白色,管状花黄色。

钻叶紫菀 *Aster subulatus*(Michx.)G. L. Nesom

一年生无毛草本;叶披针形;头状花序排成圆锥状。

紫菀 *Aster tataricus* L.

多年生须根草本;叶基生有长柄,长圆状或椭圆状匙形,常有浅齿;头状花序排成复伞房状,紫红色、浅紫色或白色。

天名精 *Carpesium abrotanoides* L.

多年生草本;茎下部叶阔椭圆形,叶面不平;头状花序多数,无柄,呈穗状排列;瘦果粘人。

石胡荽 *Centipeda minima* (L.) A. Br. et Aschers.

一年生平卧小草本;叶三尖两刃刀状;头状花序小,白色,扁球形。

茵陈蒿 *Artemisia capillaris* Thunb.

半灌木状草本;初生茎叶被灰白色柔毛,卵形叶二至三回全裂,裂片线形;头状花序小,卵球形,排列成圆锥状。

白莲蒿 *Artemisia stechmanniana* Bess.

半灌木状草本;茎多丛生;茎下部叶三角状卵形,二至三回栉齿状羽状全裂;头状花序球形,小。

艾 *Artemisia argyi* Levl. et Van.

多年生草本;全株有浓烈香气;叶背密被灰白色蛛丝状绒毛,下部叶花期枯萎,圆形或宽卵形,羽状分裂,中部叶卵形,一至二回羽状深裂。

野艾蒿 *Artemisia lavandulaefolia* D C.

多年生草本;全株有艾蒿气;茎、枝被灰白色蛛丝状短柔毛;茎下部叶宽卵形或近圆形,常二回羽状全裂,中部叶卵形,一至二回全裂。

南艾蒿 *Artemisia verlotorum* Lamotte

多年生草本;全株有艾蒿气;茎下部叶卵形或宽卵形,一至二回羽状全裂,具柄,中部叶卵形或宽卵形,一至二回羽状全裂,裂片线形。

黄花蒿 *Artemisia annua* Linn.

一年生草本;全株有浓烈挥发性气味;茎下部叶宽卵形,三至四回栉齿状羽状深裂,茎中部叶二至三回栉齿状羽状深裂。

五月艾 *Artemisia indica* Willd.

半灌木状草本;茎上纵棱明显,基生叶及茎下部叶卵形或长卵形,常二回羽状分裂,深裂至全裂,茎中部裂片线状披针形。

鼠麴草 *Gnaphalium affine* D. Don

一年生小草本;全株被白色厚棉毛;叶无柄,匙状倒披针形或倒卵状匙形;头状花序柠檬黄色。

麻花头 *Klasea centauroides* (L.) Cass.

多年生被毛草本;基生叶及下部茎叶长椭圆形,羽状深裂;顶生 1 个紫色头状花序。

千里光 *Senecio scandens* Buch. -Ham. ex D. Don

多年生攀缘状草本；叶卵状披针形或长三角形，基部戟形，有时羽状分裂；花冠黄色。

红花 *Carthamus tinctorius* L.

一年生草本；茎下部叶披针形或长椭圆形，叶缘有重锯齿；头状花序生于枝顶，被刺状总苞包裹；小花红色或橘红色。

菊三七 *Gynura japonica*（Thunb.）Juel.

多年生块根大草本；基部叶大头羽裂，叶背常为紫色；黄色或橙红色头状花序组成圆锥状。

白子菜 *Gynura divaricata*（L.）D C.

多年生草本；叶厚，卵形，叶缘具粗齿；橙黄色头状花序疏散。

泥胡菜 *Hemistepta lyrata*（Bunge）Fischer & C. A. Meyer

一年生草本；中下部叶大头羽状深裂或全裂；总苞半球形，多层，外层有鸡冠状附属物凸起；小花紫色。

牛蒡 *Arctium lappa* L.

越年生草本；具粗大肉质直根；基生叶宽卵形，较大；总苞卵形，外层刺状；小花紫红色；瘦果倒长卵形，有深褐色斑纹。

飞廉 *Carduus nutans* L.

越年生草本；全株密被针刺。

水飞蓟 *Silybum marianum*（L.）Gaertn.

大型草本；叶脉有明显白纹，叶缘齿刺明显。

蓟（大蓟）*Cirsium japonicum* Fisch. ex D C.

多年生草本；块根萝卜状；基生叶长椭圆形，羽状全裂，叶缘锯齿有针刺。

刺儿菜（小蓟）*Cirsium arvense*（L.）Scop. var. *integrifolium* C. Wimm. et Grabowski.

多年生发达根状茎草本；基生叶椭圆形，叶缘锯齿有小针刺；头状花序单生，紫红色。

线叶蓟 *Cirsium lineare*（Thunb.）Sch. -Bip.

多年生直根草本；中下部叶长椭圆形，叶缘锯齿有小针刺，茎中上部叶线条形；头状花序单生，紫红色。

毛连菜 *Picris hieracioides* L.

多年生草本；全部茎枝被稠密或稀疏的钩状黑褐色硬毛；叶倒披针形，叶面能粘人衣物；头状花序多数，排成伞房状或圆锥状。

黄鹌菜 *Youngia japonica*（L.）D C.

一年生草本;茎有毛;基生叶大头深羽裂或全裂,茎生叶一至二枚;黄色头状花序排成伞房状。

红果黄鹌菜 *Youngia erythrocarpa* (Vaniot) Babcock et Stebbins

一年生草本;全部茎枝无毛;基生叶大头深羽裂或全裂,茎生叶常多数;黄色头状花序排成伞房状;瘦果红色。

稻槎菜 *Lapsanastrum apogonoides* (Maxim.) J. H. Pak et Bremer

一年生小草本;头状花序小,黄色;瘦果无冠毛。

光滑苦荬 *Ixeridium chinense* (Tumb.) Tzvel. subsp. *strigosa* (H. Lév. et Vaniot) Ohwi.

多年生草本;基生叶为长倒披针形或长椭圆状披针形,不分裂或深裂,茎生叶一至二枚;黄色或白色头状花序排成伞房状。

尖裂假还阳参(抱茎小苦荬)*Crepidiastrum Sonchifolium* (Maxim.) Pak & Kawano

多年生草本;基生叶莲座状,匙形、长倒披针形或长椭圆形,叶缘有锯齿,近花序茎叶向基部心形或圆耳状扩大抱茎;花黄色。

苦苣菜 *Sonchus oleraceus* L.

越年生或一年生草本;茎枝光滑无毛,被薄白粉;基生叶长椭圆形羽状深裂,中下部叶大头羽裂,叶缘齿裂大小不规则,无刺,握之不扎手。

花叶滇苦菜 *Sonchus asper* (L.) Hill.

一年生草本;茎枝光滑无毛被薄白粉;基生叶与茎生叶同型,倒卵形,叶缘锯齿有刺,握之扎手。

苣荬菜 *Sonchus Wightianus* DC.

多年生草本;基生叶长椭圆形,倒向羽裂,茎上部叶披针形或钻形;黄色头状花序伞房状。

蒲公英 *Taraxacum mongolicum* Hand. -Mazz.

多年生草本,全株有白色乳汁;主根黑色,肉质,圆柱形;叶倒卵状披针形;黄色头状花序;瘦果密生刺状鳞片状瘤突。

药用蒲公英 *Taraxacum officinale* F. H. Wigg.

多年生草本,全株有白色乳汁;主根黄白色,肉质,圆柱形;基生叶较多,倒卵状披针形,倒羽裂较多;瘦果中部以上密生鳞片状瘤突。

桃叶鸦葱 *Scorzonera sinensis* Lipsch. et Krasch. ex Lipsch.

多年生有乳汁草本;茎基残存叶柄纤维;叶线形,叶缘皱波状;黄色头状花序顶生。

翅果菊 *Lactua indica* L.

多年生有污黄色乳汁草本;肉质根胡萝卜状;叶大头倒羽裂;头状花序极多,排成圆锥状。

3.6.108　百合科 Liliaceae

文竹 *Asparagus setaceus*（Kunth）Jessop

栽培肉根草本;叶呈枝条状簇生;花白色。

天门冬 *Asparagus cochinchinensis*（Lour.）Merr.

纺锤形肉根攀缘草本;叶片呈枝条状,常三枚簇生,扁平镰刀状;花白色;浆果球形,熟时红色。

吊兰 *Chlorophytum comosum*（Thunb.）Baker

具匍匐枝的盆栽草本;叶剑条形,披垂;花白色;蒴果三棱状扁球形。

知母 *Anermarrhena asphodeloides* Bunge

多年生肉质根状茎草本;叶基及根状茎被残存叶鞘包裹;花序总状,花葶远长于叶。

芦荟 *Aloe vera* L. var. *chinensis*（Haw.）Berg.

肉质栽培草本;叶肉质,肥厚,条状披针形,叶缘疏生刺状小齿。

紫萼 *Hosta ventricosa*（Salisb.）Stearn

多年生草本;叶卵状心形,弧形平行脉;花葶高于叶片,花序总状,花被筒在裂片处骤然呈漏斗状,淡紫色。

萱草（忘忧草）*Hemerocallis fulva*（L.）L.

多年生草本,肉质根纺锤形;叶两列基生,带状;花橘红色。

黄花菜 *Hemerocallis citrina* Baroni

多年生草本,肉质根纺锤形;叶两列基生,带状;花黄色。

麦冬 *Ophiopogon japonicus*（L. f.）Ker-Gawl.

多年生常绿草本;小块根椭圆形,多数;叶基生成丛,禾叶状;花葶常比叶短得多,总状花序白色。

沿阶草 *Ophiopogon bodinieri* Levl.

多年生常绿草本;小块根椭圆形,多数;叶基生成丛,禾叶状;花葶常比叶稍短。

阔叶山麦冬 *Liriope muscari*（Decne.）L. H. Bailey

禾状叶较宽;花葶通常比叶长。

吉祥草 *Reineckia carnea*（Andr.）Kunth

多年生草本;根状茎在地表横蔓;叶在横生根状茎节处丛生,条形;粉色穗状花序,有香味。

开口箭 *Campylandra chinensis* (Baker) M. N. Tamura et al.

多年生草本;根状茎长圆柱形;叶近革质,倒披针形、条状披针形;黄色穗状花序。

万年青 *Rohdea japonica* (Thunb.) Roth

多年生栽培草本;叶厚,纸质,披针形或倒披针形;花葶短于叶,淡黄色穗状花序;浆果熟时红色。

黄精 *Polygonatum sibiricum* Delar. ex Redoute

多年生草本;根状茎脆,鸡头状;叶轮生,条状披针形;花生于叶腋,花梗披垂,花黄绿色或黄白色;浆果圆球形。

多花黄精 *Polygonatum cyrtonema* Hua

多年生草本;根状茎姜块状,质脆硬;叶互生,椭圆形;花序梗生于叶腋,披垂,花被黄绿色,裂片先端盛花时反卷。

玉竹 *Polygonatum odoratum* (Mill.) Druce

多年生草本;根状茎黄白色,圆柱形,节明显多分枝;地上茎有棱;叶互生,椭圆形。

菝葜 *Smilax china* L.

攀缘灌木;根状茎粗厚,坚硬,不规则块状;茎上疏生刺;叶互生,薄革质圆形;叶柄鞘有二卷须。

葱 *Allium fistulosum* L.

栽培草本;鳞茎圆柱状;叶圆筒状,中空;花葶圆柱状,中空;白色伞形花序球状。

薤白 *Allium macrostemon* Bunge

多年生草本;鳞茎球形;叶三棱状半圆柱形,中空,上面具沟槽;伞形花序淡紫色,半球状或球状,具多而密集的花,或间具珠芽或有时全为珠芽。

韭 *Allium tuberosum* Rottl. ex Spreng.

多年生草本;具横生根状茎,鳞茎外皮常破裂呈纤维状,叶条形、扁平、实心;花葶常具2纵棱,花被白色,常具绿色中脉。

细叶韭 *Allium tenuissimum* L.

多年生草本;鳞茎数枚聚生,圆柱状;叶半圆柱状或近圆柱状,与花葶近等长;花葶圆柱状,具细纵棱;花被白色或淡红色。

浙贝母 *Fritillaria thunbergii* Miq.

具夏眠习性的多年生草本;鳞茎肥厚;叶条形,先端卷曲,花被片六,分离,抱合呈铃铛状。

老鸦瓣 *Amana edulis* (Miq.) Honda.

早春荒地小草本,叶长条形,二枚,中间单花一朵,白色,花被片上有紫色脉纹。

野百合 *Lilium brownii* F. E. Brown ex Miellez

多年生草本;鳞茎球形;叶散生,呈倒披针形,全缘;白花单生,排成伞形,有香气。

百合 *Lilium brownii* F. E. Brown ex Miellez var. *viridulum* Baker

多年生草本;鳞茎球形;叶散生,披针形,全缘;白花单生,排成伞形,有香气。

卷丹 *Lilium tigrinum* Ker Gawl.

多年生草本;鳞茎扁球形;叶散生,矩圆状披针形或披针形;花被反卷,橙红色,有紫黑色斑点。

虎眼万年青 *Ornithogalum caudatum* Jacq.

多年生栽培草本;绿色鳞茎卵球形;叶带状或长条状披针形;花葶常弯曲,白色总状花序小,花密集。

绵枣儿 *Barnardia japonica* (Thunb.) Schult. et J. H. Schultes

多年生草本,鳞茎球形,外皮黑褐色;粉色总状花序呈圆筒状。

细叶丝兰 *Yucca flaccida* Haw.

大型栽培草本;茎木质化不明显;叶近莲座状,簇生,坚硬,剑形,顶端有一硬刺;白色圆锥花序大型。

3.6.109　百部科 Stemonaceae

直立百部 *Stemona sessilifolia* (Miq.) Miq.

多年生草本;块根纺锤形,多数;叶轮生;花腋生,生于茎叶中下部,绿色花被四;蒴果有数粒种子。

3.6.110　石蒜科 Amaryllidaceae

君子兰 *Clivia miniata* Regel Gartenfl

多年生栽培草本;叶深绿色,厚质,带状;橙红色伞形花序有数朵花。

葱莲 *Zephyranthes candida* (Lindl.) Herb.

多年生栽培草本;叶狭线形,肥厚,亮绿色;花白色,单生于花茎顶。

石蒜 *Lycoris radiata* (L'Her.) Herb.

多年生草本;鳞茎球形,外皮黑褐色;秋季出叶,叶狭带状;夏花,伞形花序有四至七朵花,鲜红色。

换锦花 *Lycoris sprengeri* Comes ex Baker

多年生草本;鳞茎卵形;叶带状,早春出;伞形花序淡紫红色,有四至六朵花,花被裂片顶端常带蓝色。

水仙 *Narcissus tazetta* L. var. *chinensis* M. Roener

多年生栽培草本;鳞茎卵球形;叶宽线形,扁平;伞形花序有四至八朵花,佛焰苞状总苞膜质,白色,花芳香,副花冠淡黄色,杯状。

3.6.111   薯蓣科 Dioscoreaceae

黄独 *Dioscorea bulbifera* L.

多年生草质缠绕草本;块茎卵圆形或梨形;茎左旋,光滑无毛;叶腋常有圆球形珠芽;单叶互生,叶宽卵状心形或卵状心形。

薯蓣 *Dioscorea polystachya* Turczaninow

多年生草质缠绕草本;块茎长圆柱形,垂直生长;茎右旋;叶片变异大,常三浅裂或三深裂。

3.6.112   鸢尾科 Iridaceae

野鸢尾 *Iris dichotoma* Pall.

多年生草本;花白色或淡紫色,花被片沿中脉褐色。

华夏鸢尾 *Iris cathayensis* Migo.

多年生荒地草本;叶线条形,丛生直立;早春开花,花紫色。

鸢尾 *Iris tectorum* Maxim.

叶扁扇状,基部套叠;花紫色。

黄菖蒲 *Iris pseudacorus* L.

多年生草本;叶片稍直立;花黄色。

射干 *Belamcanda chinensis* (L.) DC.

根状茎断面鲜黄色;花橙红色,有褐色斑点。

3.6.113   灯芯草科 Juncaceae

野灯心草 *Juncus setchuensis* Buchen. ex Diels

多年生近水草本;茎丛生,直立,圆柱形,茎内充满白色髓心;叶低出,鞘状或鳞片状;蒴果卵形。

3.6.114   鸭趾草科 Commelinaceae

鸭跖草 *Commelina communis* Linn.

一年生披散草本;叶披针形,互生;佛焰苞心形,折叠状,聚伞花序蓝色。

饭包草 *Commelina bengalensis* Linn.

多年生披散草本;叶卵形,互生。

吊竹梅 *Tradescantia zebrina* Bosse

多年生栽培草本;叶似竹,表面有紫色条纹。(《中国植物志》未收载,拉丁学名待考证)

紫竹梅 *Setcreasea purpurea* Boom.

多年生栽培草本;全株呈紫色,似鸭跖草。

紫露草 *Tradescantia ohiensis* Raf.

多年生栽培草本;花蓝色,蒴果有毛。

3.6.115　禾本科 Gramineae

美竹 *Phyllostachys mannii* Gamble

幼竿鲜绿,老竿黄绿。

孝顺竹 *Bambusa multiplex* (Lour.) Raeuschel ex J. A. et J. H. Schult.

丛生状;竿绿中空;竿的分枝斜举,不下垂;箨鞘背面无毛。

箬竹 *Indocalamus tessellatus* (Munro) Keng f.

丛生较密,竿高 0.75～2 m,叶片较大。

芦竹 *Arundo donax* L.

竿粗大直立;圆锥花序极大型,分枝稠密。

柯孟披碱草(鹅观草)*Elymus kamoji* (Ohwi) S. L. Chen

一年生须根草本;叶鞘外侧边缘常具纤毛;穗状花序弯曲或下垂,小穗绿色或带紫色,芒明显。

广序臭草 *Melica onoei* Franch. et Sav.

多年生丛状草本;圆锥花序疏散,呈金字塔形。

早熟禾 *Poa annua* L.

早春路边矮小禾草;花序、果序绿白色。

野燕麦 *Avena fatua* Linn.

一年生草本;叶鞘松弛;圆锥花序开展;小穗柄弯曲下垂,含二至三朵小花;颖草质,外稃质地坚硬;芒自稃体中部稍下处伸出。

看麦娘 *Alopecurus aequalis* Sobol.

一年生小禾草;花序圆柱状;花药橙黄色。

画眉草 *Eragrostis pilosa* (L.) Beauv.

一年生丛生草本;叶线形;圆锥花序开展或紧缩;颖膜质,披针形;雄蕊 3。

牛筋草 *Eleusine indica* (L.) Gaertn.

一年生草本;秆丛生;叶片线形;穗状花序指状,着生于秆顶。

虎尾草 *Chloris virgata* Sw.

一年生草本;叶线形;穗状花序五至十枚,指状,着生于秆顶,常直立而并拢成毛刷状,成熟时稍显紫色。

狗牙根 *Cynodon dactylon*（L.）Pers.

低矮草本;根状茎匍匐地面蔓延;叶片线形;穗状花序。

结缕草 *Zoysia japonica* Steud.

多年生草本;根状茎横走;秆直立;叶舌纤毛状;总状花序穗状,黄绿色或紫褐色。

沟叶结缕草 *Zoysia matrella*（L.）Merr.

多年生草本;根状茎横走;秆直立;叶舌短不明显;总状花序,细柱形色。

求米草 *Oplismenus undulatifolius*（Arduino）Beauv.

秆纤细,基部平卧地表,节生根;叶舌膜质,叶卵状披针形;圆锥花序,主轴被疣基长刺柔毛;果实粘人衣物。

马唐 *Digitaria sanguinalis*（L.）Scop.

一年生草本;叶线状披针形;总状花序,穗轴四至十二枚,呈指状着生于主轴上;穗轴直伸或开展,两侧具宽翼,边缘粗糙。

狗尾草 *Setaria viridis*（L.）Beauv.

一年生具支持根草本;圆锥花序,刚毛绿色、褐色或紫红色,圆柱状。

金色狗尾草 *Setaria pumila*（Poiret）Roemer & Schultes.

似狗尾草,圆锥花序,刚毛金黄色。

狼尾草 *Pennisetum alopecuroides*（L.）Spreng.

多年生粗壮须根草本;秆直立丛生;叶舌有纤毛;圆锥花序直立;刚毛粗糙,淡绿色或紫色。

白茅 *Imperata cylindrica*（Linn.）Beauv.

多年生近水草本;根状茎末端尖锐如矛针;叶线形,叶缘有硅质极细小锯齿;花白色;果序圆锥状。

假俭草 *Eremochloa ophiuroides*（Munro）Hack.

多年生草本;匍匐茎强壮,蔓延迅速;叶片条形;总状花序顶生,轴节间有短柔毛。

荩草 *Arthraxon hispidus*（Thunb.）Makino

一年生山坡阴湿草本;秆细弱,无毛,具多节,常分枝;总状花序细弱,二至十枚呈指状簇生于秆顶。

橘草 *Cymbopogon goeringii*（Steud.）A. Camus

多年生草本;秆直立丛生;叶舌两侧有三角形耳状物,下延呈膜质。

阿拉伯黄背草(黄背草) *Themeda triandra* Forssk.

多年生草本;秆分枝少;圆锥花序由具线形佛焰苞的总状花序组成。

薏米 *Coix lacryma-jobi* L. var. *ma-yuen*（Rom. du Caill.）Stapf

一年生草本,秆多分枝;叶宽大开展;总状花序腋生;总苞薄骨质,颖果长圆形。

薏苡 *Coix lacryma-jobi* Linn.

一年生粗壮草本;秆直立丛生,多分枝;总苞圆形,珐琅质。

3.6.116　棕榈科 Palmae

棕榈 *Trachycarpus fortunei*（Hook.）H. Wendl.

乔木;树干被老叶柄基部及密集网状纤维;叶片近圆形,深裂成多片具皱折的线状剑形。

3.6.117　天南星科 Araceae

龟背竹 *Monstera deliciosa* Liebm.

大叶栽培草本,叶片上常见自然形成的圆形窟窿。

落檐(广东万年青) *Schismatoglottis hainanensis* H. Li

多年生栽培草本;叶基生;叶柄较长,叶片长圆状披针形;肉穗花序。

半夏 *Pinellia ternata*（Thunb.）Breit.

多年生夏眠草本;块茎圆球形,茎与叶柄末端常有类似圆形珠芽;老叶三全裂,全缘,闭合网脉;肉穗花序,鼠尾状附属器直立或呈"S"状。

虎掌 *Pinellia pedatisecta* Schott

多年生草本;主块茎近圆球形,周围常生若干新球茎;鸟趾状复叶,中裂片较大。

海芋(滴水观音) *Alocasia odora*（Roxburgh）K. Koch

大型常绿栽培草本;有直立地上茎;叶柄粗厚,叶片大型,箭状卵形边缘波状;浆果红色。

绿萝 *Epipremnum aureum*（Linden et Andre）Bunting

常绿草质栽培藤本;茎节间具纵槽,枝条悬垂;叶宽卵形,基部心形。

3.6.118　浮萍科 Lemnaceae

紫萍 *Spirodela polyrrhiza*（L.）Schleid.

浮水小草本;叶状体背部紫色;须根丛生状。

3.6.119　香蒲科 Typhaceae

水烛 *Typha angustifolia* Linn.

多年生水生草本;叶扁平直立;雄花序在上,雌花序在下,雌花序粗大,棕黄色,棍棒状。

3.6.120　莎草科 Cyperaceae

香附子 *Cyperus rotundus* Linn.

多年生草本;具特异香气的椭圆形块茎;秆锐三棱形;苞片叶状,穗状花序具三至十个小穗。

青绿薹草 *Carex breviculmis* R. Br.

植株矮小,丛生状,茎秆三棱形。

亚柄薹草(早春薹草)*Carex lanceolata* Boott var. *subpediformis* Kukenth.

植株挺立,独生,茎秆三棱形。

3.6.121　芭蕉科 Musaceae

芭蕉 *Musa basjoo* Sieb. et Zucc.

高大栽培草本;叶片长圆形,长可达 3 m;浆果三棱状。

3.6.122　美人蕉科 Cannaceae

美人蕉 *Canna indica* L.

丛生栽培草本;叶卵状长圆形;总状花序疏散,花鲜红色;蒴果绿色,长卵形,有软刺。

3.6.123　兰科 Orchidaceae

绶草 *Spiranthes sinensis* (Pers.) Ames
叶如禾草;花序若蟠龙。

名录收载说明:

(1)收载范围:东、西校区及中药科技园,东校区扩展至小九华山的野生种及可长期在室外条件存活的种类,收载时间为 2019 年。

(2)野生及外来归化植物的科、属、种(及种以下)以《中国植物志》《Flora of China》为准,园林及园艺种以《中国花卉品种分类学》及《花经》为准。

(3)校区环境受人为活动影响较大,移栽及其他植物交流出现的新种类名录可在此基础上增删。

（4）该目录旨在帮助学生快速识别野外植物，对于种的处理，野外条件下，没有特别易于识别的特征的，一律采用广义种名。

（5）校园植物尤其是草本植物，会随着人为活动和自然传播发生迁徙或消失，所以，该名录会发生小范围变化。

（6）一句话特征描述仅限于校园内植物种类，突出某一部分特征，配合图片使用。全面细致的形态描述需要查阅植物志等专业文献。

3.7　鹞落坪国家级自然保护区 5 月份公路边常见药用植物

3.7.1　蕨类植物门 Pteridophyta

3.7.1.1　卷柏科 Selaginellaceae

江南卷柏 *Selaginella moellendorffii* Hieron.

翠云草 *Selaginella uncinata*（Desv.）Spring

3.7.1.2　木贼科 Equisetaceae

问荆 *Equisetum arvense* L.

笔管草 *Equisetum ramosissimum* Desf. subsp. *debile*（Roxb. ex Vauch.）Hauke

3.7.1.3　紫萁科 Osmundaceae

紫萁 *Osmunda japonica* Thunb.

3.7.1.4　球子蕨科 Onocleaceae

东方荚果蕨 *Pentarhizidium orientale* Hayata.

3.7.1.5　鳞始蕨科 Lindsaeaceae

乌蕨 *Odontosoria chinensis*（L.）J. Smith

3.7.1.6　蕨科 Pteridiaceae

蕨 *Pteridium aquilinum*（L.）Kuhn var. *latiusculum*（Desv.）Underw. ex Heller

3.7.1.7　裸子蕨科 Hemionitidaceae

凤丫蕨 *Coniogramme japonica*（Thunb.）Diels

3.7.1.8　金星蕨科 Thelypteridaceae

金星蕨 *Parathelypteris glanduligera*（Kze.）Ching

3.7.1.9　铁角蕨科 Aspleniaceae

铁角蕨 *Asplenium trichomanes* L.

3.7.1.10　铁线蕨科 Adiantaceae

铁线蕨 *Adiantum capillus-veneris* L.

3.7.1.11　鳞毛蕨科 Dryopteridaceae

革叶耳蕨 *Polystichum neolobatum* Nakai

贯众 *Cyrtomium fortunei* J. Sm.

粗茎鳞毛蕨 *Dryopteris crassirhizoma* Nakai

3.7.1.12　水龙骨科 Polypodiaceae

石韦 *Pyrrosia lingua*（Thunb.）Farwell

庐山石韦 *Pyrrosia sheareri*（Bak.）Ching

有柄石韦 *Pyrrosia petiolosa*（Christ）Ching

金鸡脚假留蕨 *Phymatopteris hastata*（Thunb.）Pic. Serm.

3.7.2　裸子植物门 Gymnospermae

3.7.2.1　银杏科 Ginkgoaceae

银杏 *Ginkgo biloba* L.

3.7.2.2　松科 Pinaceae

金钱松 *Pseudolarix amabilis*（J. Nelson）Rehder.

大别山五针松 *Pinus fenzeliana* Hand.-Mazz. var. *dabeshanensis*（C. Y. Cheng et Y. W. Law）L. K. Fu et Nan Li

黄山松 *Pinus taiwanensis* Hay.

日本五针松 *Pinus parviflora* Siebold et Zuccarini

3.7.2.3　杉科 Taxodiaceae

杉木 *Cunninghamia lanceolata*（Lamb.）Hook.

柳杉 *Cryptomeria japonica*（Thumb. ex Linn. f.）D. Don var. *sinensis* Miq

3.7.2.4　柏科 Cupressaceae

侧柏 *Platycladus orientalis*（L.）Franco

3.7.2.5　红豆杉科 Cephalotaxaceae

红豆杉 *Taxus wallichiana* Zucc. var. *chinensis*（Pilger）Florin

三尖杉 *Cephalotaxus fortunei* Hook.

3.7.2.6　三尖杉科 Cephalotaxaceae

粗榧 *Cephalotaxus sinensis*（Rehd. et wils.）Li

3.7.3　被子植物门双子叶植物纲 Angiospermae Dicotyledoneae

3.7.3.1　胡桃科 Juglandaceae

落叶乔木。羽状复叶,互生,无托叶。花单性,单被,雌雄同株。雄花常为下垂的荑荑花序。子房下位。核果或坚果具翅。常用药用植物有华东野核桃、化香树、胡桃楸等。

化香树 *Platycarya strobilacea* Sieb. et Zucc

胡桃楸 *Juglans mandshurica* Maxim.

3.7.3.2 杨柳科 Salicaceae.

簸箕柳 *Salix suchowensis* W. C. Cheng ex G. Zhu

南川柳 *Salix rosthornii* Seem.

3.7.3.3 桦木科 Betulaceae

江南桤木 *Alnus trabeculosa* Hand.-Mazz.

昌化鹅耳枥 *Carpinus tschonoskii* Maxim.

华千金榆 *Carpinus cordata* Bl. var. *chinensis* Franch.

亮叶桦 *Betula luminifera* H. Winkl.

3.7.3.4 壳斗科 Fagaceae

栗(板栗) *Castanea mollissima* Bl.

青冈(青冈栎) *Cyclobalanopsis glauca*（Thunb.）Oerst.

短柄枹 *Quercus serrata* Murray var. *brevipetidata*（A. D C.）Nakai

槲栎 *Quercus aliena* Bl.

黄山栎 *Quercus stewardii* Rehd.

3.7.3.5 杜仲科 Eucommiaceae

落叶木本。单叶互生,无托叶,树皮与叶折断有白色胶丝。花单性异株,无花被,花丝极短。坚果具翅。常用药用植物有杜仲。

杜仲 *Eucommia ulmoides* Oliv.

3.7.3.6 桑科 Moraceae

常为木本,常有乳汁。叶多互生,托叶早落。花小,单性,同株或异株,集成荑荑、头状或隐头花序,单被花,雄蕊与花被片同数且对生,子房上位。小瘦果或核果常外包肉质花被或包藏于肉质花托内,成聚花果或隐头果。常用药用植物有桑、构树、大麻、无花果等。

桑(栽培) *Morus alba* L.

楮(小构树) *Broussonetia kazinoki* Sieb.

3.7.3.7 荨麻科 Urticaceae

草本或木本。茎具纤维。单叶,具托叶,有时具螫毛。花单性,同株或异株,二至五基数,雄蕊与花被同数且对生,花丝蕾期内折,子房一室。瘦果或核果。常用药用植物有苎麻、野苎麻等。

艾麻 *Laportea cuspidata*（Wedd.）Friis

冷水花 *Pilea notata* C. H. Wright

小赤麻（细野麻）*Boehmeria spicata*（Thunb.）Thunb.

悬铃叶苎麻 *Boehmeria platanifolia* Franch. et Sav.

庐山楼梯草 *Elatostema stewardii* Merr.

粗齿冷水花 *Pilea sinofasciata* C. J. Chen

3.7.3.8　蓼科 Polygonaceae

多为草本，茎节常膨大。单叶互生，托叶膜质，包围茎节基部成托叶鞘。花多两性，辐射对称；单被花，花被片三至六，常呈花瓣状，宿存；雄蕊三至九枚；子房上位，二至三心皮合生，一室，一胚珠。瘦果或小坚果，凸镜形或三棱形，常包于宿存的花被内，多有翅。种子具胚乳。常用药用植物有大黄、何首乌、夜交藤、水红花子、虎杖、萹蓄、拳参、金荞麦、土大黄等。

短毛金线草 *Antenoron filiforme* var. *neofiliforme*（Nakai）A. J. Li

荞麦 *Fagopyrum esculentum* Moench.

萹蓄 *Polygonum aviculare* L.

杠板归 *Polygonum perfoliatum* L.

尼泊尔蓼 *Polygonum nepalense* Meisn.

箭叶蓼 *Polygonum* sagittatum Linn.

春蓼 *Polygonum persicaria* L.

戟叶蓼 *Polygonum thunbergii* Sieb. et Zucc.

虎杖 *Reynoutria japonica* Houtt.

酸模 *Rumex acetosa* L.

羊蹄 *Rumex japonicus* Houtt.

支柱蓼 *Polygonum suffultum* Maxim.

3.7.3.9　商陆科 Phytolaccaceae

草本。根肉质肥大。单叶互生，全缘，无托叶。无花瓣，雄蕊与花萼裂片同数互生或2倍，子房上位。浆果、蒴果或翅果。常用药用植物有商陆、垂序商陆等。

垂序商陆 *Phytolacca americana* L.

3.7.3.10　石竹科 Caryophyllaceae

草本，节常膨大。单叶对生，全缘。两性花单生，或排成总状花序或聚伞花序；花冠辐射对称；萼片四至五；花瓣四至五，常具爪；雄蕊八或十枚；子房上位，二至五心皮合生，一室，特立中央胎座，胚珠多数。蒴果，齿裂或瓣裂，稀浆果。常用药用植物有石竹、瞿麦、孩儿参、王不留行、银柴胡等。

浅裂剪秋罗 *Lychnis cognata* Maxim

瞿麦 *Dianthus superbus* L

孩儿参 *Pseudostellaria heterophylla*（Miq.）Pax

漆姑草 *Sagina japonica*（Sw.）Ohwi

簇生泉卷耳（簇生卷耳）*Cerastium fontanum* subsp. *vulgare*（Hartman）Greuter & Burdet

湿地繁缕 *Stellaria uda* Williams

无心菜 *Arenaria serpyllifolia* L.

中国繁缕 *Stellaria chinensis* Regel

雀舌草 *Stellaria alsine* Grimm

3.7.3.11　苋科 Amaranthaceae

多为草本。单叶对生或互生，全缘，无托叶。花小，两性，少为单性，苞片和二小苞片干膜质，小苞片变成刺状，花被萼片状，干膜质。胞果。常用药用植物有牛膝、怀牛膝、青葙子、鸡冠花、千日红等。

牛膝 *Achyranthes bidentata* Bl.

苋 *Amaranthus tricolor* L.

3.7.3.12　木兰科 Magnoliaceae

木本或藤本，具油细胞，有香气。单叶互生，常全缘，托叶大，包被幼芽，早落，在节上留有环状托叶痕，或无托叶。花多单生，两性，稀单性，辐射对称；花被片三基数，多为六或九；雄蕊和雌蕊均多数，分离，螺旋状或轮状排列在延长的花托上。聚合蓇葖果或聚合浆果。常用药用植物有厚朴、玉兰、五味子、华五味子、八角等。

鹅掌楸（马褂木）*Liriodendron chinense*（Hemsl.）Sarg.

厚朴 *Magnolia offcinalis*（Rehder & E. H. Wilson）N. H. Xia & C. Y. Wu

天女花 *Magnolia sieboldii*（K. Koch）N. H. Xia & C. Y. Wu

华中五味子 *Schisandra sphenanthera* Rehd. et Wils.

二色五味子 *Schisandra bicolor* Cheng

红茴香 *Illicium henryi* Diels

3.7.3.13　樟科 Lauraceae

多为常绿乔木，有香气。单叶，常互生；全缘，羽状脉、三出脉或离基三出脉；无托叶。花序多种；花小，两性，少单性；辐射对称；单被花，常三基数，排成二轮，基部合生；雄蕊三至十二枚，常九枚，排成三轮，花丝基部常具腺体，花药二至四室，瓣裂；子房上位，一室，具一顶生胚珠。果为浆果状核果，种子一粒。常用药用植物有樟、肉桂、乌药、山苍子等。

毛豹皮樟 *Litsea coreana* Levl. var. *lanuginosa*（Migo）Yang et. P. H. Huang

檫木 *Sassafras tzumu*（Hemsl.）Hemsl.

江浙山胡椒 *Lindera chienii* Cheng

山鸡椒 *Litsea cubeba*（Lour.）Pers.

山胡椒 *Lindera glauca*（Sieb. et Zucc.）Bl.

三桠乌药 *Lindera obtusiloba* Bl.

山橿 *Lindera reflexa* Hemsl.

大果山胡椒 *Lindera praecox*（Sieb. et Zucc.）Bl. G

3.7.3.14　毛茛科 Ranunculaceae

草本、少木质藤本。叶互生或基生,少对生;单叶,少为复叶,叶片多缺刻或分裂,无托叶。花常两性,辐射对称或两侧对称;萼片三至多数,常呈花瓣状;花瓣三至多数或缺;雄蕊和心皮常多数,离生,螺旋状排列在凸起的花托上;子房上位,一室。聚合蓇葖或聚合瘦果,少为浆果。常用药用植物有毛茛、小毛茛、乌头、黄连、威灵仙、升麻、白头翁、天葵等。

乌头 *Aconitum carmichaeli* Debx.

花葶乌头 *Aconitum scaposum* Franch.

瓜叶乌头 *Aconitum hemsleyanum* Pritz.

小升麻(金龟草) *Cimicifuga japonica*（Thunb.）Sprengel

毛茛 *Ranunculus japonicus* Thunb.

禺毛茛 *Ranunculus cantoniensis* D C.

扬子铁线莲 *Clematis puberula* J. D. Hooker & Thomson var. *ganpiniana*（H. Léveillé & Vaniot）W. T. Wang

钝齿铁线莲 *Clematis apiifolia* D C. var. *argentilucida*（H. Lévellé & Vaniot）W. T. Wang.

华东唐松草 *Thalictrum fortunei* S. Moore

瓣蕊唐松草 *Thalictrum petaloideum* L.

3.7.3.15　小檗科 Berberidaceae

灌木或草本。叶互生,单叶或复叶。花两性,辐射对称;萼片与花瓣相似,各二至四轮,每轮常三片,花瓣具蜜腺;雄蕊三至九,常与花瓣对生,花药瓣裂或纵裂;子房上位,一心皮,一室;花柱缺或极短,柱头常为盾形;胚珠一至多数。浆果、蒴果或蓇葖果。常用药用植物有三枝九叶草、阔叶十大功劳、南天竹等。

三枝九叶草(箭叶淫羊藿) *Epimedium sagittatum*（Sieb. et Zucc.）Maxim.

六角莲 *Dysosma pleiantha*（Hance）Woods.

3.7.3.16　木通科 Lardizabalaceae

木质藤本。多为掌状复叶,互生,无托叶,小叶柄基部膨大。花常单性,萼片六,花瓣状,花瓣退化,雄蕊六,外向纵裂,子房上位,心皮多数,离生,一轮。浆果。常用药用植物有三叶木通、木通等。

三叶木通 *Akebia trifoliata*（Thunb.）Koidz.

3.7.3.17　金粟兰科 Chloranthaceae

草本或灌木。节常膨大。单叶对生,叶柄基部常合生,托叶小。花序常穗状,顶生或腋生,花两性,无花被,雄蕊一至三,合生,子房下位,单心皮,核果。常用药用植物有及已等。

及已 *Chloranthus serratus*（Thunb.）Roem et Schult

3.7.3.18　马兜铃科 Aristolochiaceae

常为草质藤本。单叶互生,叶基心形。花两性,辐射或两侧对称;单被花,常花瓣状,下部合生成各式花被管,顶端三裂或向一侧扩大;雄蕊六或十二枚,花丝短,雌蕊由四至六心皮合生,子房下位或半下位,四至六室。蒴果或浆果。种子多数。常用药用植物有马兜铃、细辛、寻骨风等。

细辛(汉城细辛) *Asarum sieboldii* Miq.

管花马兜铃 *Aristolochia tubiflora* Dunn

3.7.3.19　芍药科 Paeoniaceae

草本或灌木,根肥大。叶互生,常为二回三出复叶。多为单花,花大,顶生或腋生。萼片通常五,宿存;花瓣五至十(栽培者多重瓣);雄蕊多数,离心发育;花盘发达,杯状或盘状,包裹心皮;心皮二至五,离生。聚合蓇葖果。常用药用植物有芍药、牡丹等。

芍药 *Paeonia lactiflora* Pall.

草芍药 *Paeonia obovata* Maxim.

牡丹 *Paeonia suffruticosa* Andr.

3.7.3.20　猕猴桃科 Actinidiaceae

木质藤本。冬芽埋于膨大叶柄基部。单叶互生,无托叶。花五基数,花萼宿存,子房上位,花柱五或多数,常宿存。浆果或蒴果。常用药用植物有中华猕猴桃等。

对萼猕猴桃 *Actinidia valvata* Dunn

中华猕猴桃 *Actinidia chinensis* Planch.

3.7.3.21　山茶科 Theaceae

木本。单叶互生,羽状脉,无托叶。花五基数,苞片常对生于萼下,花萼宿存,雄蕊多数,常与花瓣基部连生,中轴胎座。蒴果。常用药用植物有山茶等。

油茶 *Camellia oleifera* Abel

茶 *Camellia sinensis*（L.）O. Ktze.

格药柃 *Eurya muricata* Dunn

3.7.3.22　藤黄科 Guttiferae

草本或木本。单叶对生,全缘,无托叶,叶具腺点或黑点。萼片与花瓣各五,少为四,雄蕊多数,合生成束,子房上位,中轴胎座或侧膜胎座。蒴果或浆果。常用药用植物有藤黄、地耳草、元宝草、黄海棠等。

黄海棠 *Hypericum ascyron* L.

赶山鞭 *Hypericum attenuatum* Choisy

蜜腺小连翘 *Hypericum seniawinii* Maxim.

地耳草(田基黄) *Hypericum japonicum* Thunb. ex Murray

小连翘 *Hypericum erectum* Thunb. ex Murr.

黑腺珍珠菜 *Lysimachia heterogenea* Klatt

3.7.3.23　罂粟科 Papaveraceae

草本。常具乳汁或有色乳汁。叶基生或互生,无托叶。花两性,辐射对称或两侧对称;萼片常二,早落;花瓣四,稀六;雄蕊多数,离生,或六枚,合生成二束;子房上位,二至多数心皮,一室,侧膜胎座。蒴果,孔裂或瓣裂。种子细小。常用药用植物有罂粟、延胡索、夏天无、博落回等。

博落回 *Macleaya cordata* (Willd.) R. Br.

荷包牡丹 *Dicemtra spectabilis* (L.) Fukuhara

蛇果黄堇 *Corydalis ophiocarpa* Hook. f. et Thoms.

黄堇 *Corydalis pallida* (Thunb.) Pers.

3.7.3.24　十字花科 Cruciferae

草本。单叶互生;无托叶。花两性,辐射对称,总状或复总状花序;萼片四,二轮;花瓣四,十字形排列;雄蕊六,四强雄蕊,常在雄蕊基部有四个蜜腺;子房上位,由二心皮合生,侧膜胎座,中央有心皮边缘延伸的隔膜(假隔膜)分成二室。角果。常用药用植物有菘蓝、独行菜、北美独行菜、播娘蒿、荠菜、芥菜等。

弹裂碎米荠 *Cardamine impatiens* L.

白花碎米荠 *Cardamine leucantha* (Tausch) O. E. Schulz

大叶碎米荠(华中碎米荠) *Cardamine macrophylla* Willd.

光头山碎米荠 *Cardamine engleriana* O. E. Schulz

弯曲碎米荠 *Cardamine flexuosa* With.

北美独行菜 *Lepidium virginicum* L.

蔊菜(印度蔊菜) *Rorippa indica* (L.) Hiern

山萮菜 *Eutrema yunnanense* Franch.

3.7.3.25　金缕梅科 Hamamelidaceae

木本。常具星状毛。单叶互生,有托叶。萼片、花瓣和雄蕊均四或五,子房上位,二心皮,顶端离生,二室,中轴胎座。木质蒴果。常用药用植物有枫香、檵木等。

蜡瓣花 *Corylopsis sinensis* Hemsl.

阔蜡瓣花 *Corylopsis platypetala* Rehd. et Wils.

牛鼻栓 *Fortunearia sinensis* Rehd. et Wils.

檵木 *Loropetalum chinense*（R. Br.）Oliver

3.7.3.26　景天科 Crassulaceae

木本。常具星状毛。单叶互生,有托叶。萼片、花瓣和雄蕊均四或五,子房上位,二心皮,顶端离生,二室,中轴胎座。木质蒴果。常用药用植物有费菜、垂盆草等。

八宝 *Hylotelephium erythrostictum*（Meq.）H. Ohba

费菜(景天三七) *Sedum aizoon*（Linnaeus）'t Hart.

垂盆草 *Sedum sarmentosum* Bunge

珠芽景天 *Sedum bulbiferum* Makino

3.7.3.27　虎耳草科 Saxifragaceae

草本或木本。叶常互生,无托叶。花两性,辐射对称,花萼与花瓣四或五,雄蕊五至十,其外轮与花瓣对生,心皮二至五,下部合生。蒴果或浆果。常用药用植物有常山、虎耳草、扯根菜等。

黄水枝 *Tiarella polyphylla* D. Don

毛金腰 *Chrysosplenium pilosum* Maxim.

中华金腰 *Chrysosplenium sinicum* Maxim.

大叶金腰 *Chrysosplenium macrophyllum* Oliv.

虎耳草 *Saxifraga stolonifera* Curt.

落新妇 *Astilbe chinensis*（Maxim.）Franch. et Sav.

草绣球(人心药) *Cardiandra moellendorffii*（Hance）Migo

中国绣球 *Hydrangea Chinensis* Maxim.

宁波溲疏 *Deutzia ningpoensis* Rehd.

山梅花 *Philadelphus incanus* Koehne

冰川茶藨子 *Ribes glaciale* Wall.

华蔓茶镳子 *Ribes fasciculatum* Sieb. et Zucc. var. *chinense* Maxim

绢毛山梅花 *Philadelphus sericanthus* Koehne.

3.7.3.28　蔷薇科 Rosaceae

木本或草本。常具刺。单叶或复叶互生,常有托叶。花两性,辐射对称;单生或排成伞房、圆锥花序;花托凸起或凹陷,花被与雄蕊合成一碟状、杯状、坛状或壶状的托杯,萼片、花瓣和雄蕊均着生于托杯的边缘;花部五基数,花瓣分离;雄蕊常多数;心皮一至多数,分离或结合,子房上位至下位,每室一至多数胚珠;蓇葖果

（绣线菊亚科）、瘦果（蔷薇亚科）、核果（梅亚科）或梨果（梨亚科）。常用药用植物有仙鹤草、金樱子、玫瑰、地榆、南山楂、木瓜、杏、梅、掌叶覆盆子、枇杷、石楠、桃、郁李等。

三裂绣线菊 *Spiraea trilobata* L.

南川绣线菊 *Spiraea rosthornii* Pritz.

粉花绣线菊 *Spiraea japonica* L. f.

华空木（野珠兰） *Stephanandra chinensis* Hance

野山楂 *Crataegus cuneata* Sieb. et Zucc.

野蔷薇 *Rosa multiflora* Thunb.

龙芽草 *Agrimonia pilosa* L.

地榆 *Sanguisorba officinalis* L.

棣棠花 *Kerria japonica*（L.）DC.

山莓 *Rubus corchorifolius* L. f.

插田泡 *Rubus coreanus* Miq.

白叶莓 *Rubus innominatus* S. Moore

三花悬钩子 *Rubus trianthus* Focke

柔毛路边青（蓝布正） *Geum japonicum* Thunb. var. *chinense* F. Bolle

蛇含委陵菜 *Potentilla kleiniana* Wight et Arn.

桃 *Amygdalus persica* L.

山樱花 *Cerasus serrulata*（Lindl.）G. Don. ex London

毛樱桃 *Cerasus tomentosa*（Thunb.）Wall.

橉木 *Padus buergeriana*（Miq.）Yü et Ku

梅 *Armeniaca mume* Sieb.

水榆花楸 *Sorbus alnifolia*（Sieb. et Zucc.）K. Koch

3.7.3.29 豆科 Leguminosae

叶互生，多为复叶，常具托叶和叶枕（叶柄基部膨大的部分）。花序各种；花两性，花萼五裂，花瓣五，多为蝶形花，少数为假蝶形花和辐射对称花；雄蕊十，两体，少数分离或下部合生，稀多数；心皮一，子房上位，边缘胎座。荚果。含羞草亚科的花瓣辐射对称，花瓣镊合状排列；云实亚科的花两侧对称，花瓣覆瓦状排列，花冠假蝶形，雄蕊分离；蝶形花亚科的花两侧对称，花瓣覆瓦状排列，花冠蝶形，雄蕊合生成单体或两体。常用药用植物有合欢、决明、皂角、黄芪、甘草、苏木、葛、苦参、补骨脂、鸡血藤、黑豆、绿豆等。

小巢菜 *Vicia hirsuta*（L.）S. F. Gray

广布野豌豆 *Vicia cracca* Linn.

救荒野豌豆 *Vicia sativa* L.

葛 *Pueraria montana*（Lour.）Merr.

黄檀 *Dalbergia hupeana* Hance

长柄山蚂蝗 *Podocarpium podocarpum*（Candolle）H. Ohashi & R. R. Mill

绿叶胡枝子 *Lespedeza buergeri* Miq.

合欢 *Albizia julibrissin* Durazz.

肥皂荚 *Gymnocladus chinensis* Baill.

3.7.3.30 酢浆草科 Oxalidaceae

酢浆草 *Oxalis corniculata* L.

3.7.3.31 牻牛儿苗科 Geraniaceae

多草本。叶互生或对生,分裂或复叶,有托叶。花两性,花萼宿存,花瓣五,雄蕊五或为花瓣的倍数,子房上位,三至五室。蒴果,成熟时由基部向上裂开卷曲,每果瓣具一种子。常用药用植物有老鹳草等。

野老鹳草 *Geranium carolinianum* L.

老鹳草 *Geranium wilfordii* Maxim.

3.7.3.32 大戟科 Euphorbiaceae

常含乳汁。单叶,互生,有托叶,叶基部常有腺体。花常单性,同株或异株,花序种种,常为聚伞花序,或杯状聚伞花序;重被、单被或无花被,具花盘或腺体;子房上位,三心皮,三室,中轴胎座。蒴果、稀浆果或核果。常用药用植物有大戟、甘肃大戟、泽漆、甘遂、地锦草、巴豆、蓖麻等。

湖北算盘子 *Glochidion wilsonii* Hutch.

青灰叶下珠 *Phyllanthus glaucus* Wall. ex Muell. Arg

油桐 *Vernicia fordii*（Hemsl.）Airy Shaw.

白背叶 *Mallotus apelta*（Lour.）Muell. Arg

野桐 *Mallotus tenuifolius* Pax

乌桕 *Sapium sebifera*（Linn.）Small

3.7.3.33 芸香科 Rutaceae

多为木本,有时具刺。叶、花、果常具透明腺点,有芳香味。叶常互生;复叶或单身复叶,少单叶;无托叶。花多两性,辐射对称;雄蕊与花瓣同数或为其倍数,生于花盘基部,花盘发达,子房上位,心皮二至五或更多,多合生。柑果、蒴果、核果和菁葖果。常用药用植物有黄柏、吴茱萸、化橘红、枳、白鲜皮等。

竹叶花椒 *Zanthoxylum armatum* D C.

秃叶黄檗 *Phellodendron chinensis* var. *glabriusculum* Schneid.

吴茱萸(石虎) *Tetradium ruticarpum*（A. Jussieu）T. G. Hartley

3.7.3.34 苦木科 Simaroubaceae

落叶木本。树皮苦。叶互生，羽状复叶，无托叶。花单性或杂性，雄蕊与花瓣同数或二倍，二轮，外轮与花瓣对生，花丝基部常有鳞片，花盘环形，子房上位，二至五裂，近分离。核果、翅果或浆果。常用药用植物有臭椿等。

苦树 *Picrasma quassioides*（D. Don）Benn.

臭椿（樗）*Ailanthus altissima*（Mill.）Swingle

3.7.3.35 漆树科 Anacardiaceae

木本。树皮常有树脂或白色乳汁。叶常互生，多羽状复叶，无托叶。圆锥花序，花萼和花瓣三至五，覆瓦状排列，雄蕊与花瓣同数或为其二倍，子房上位，常一室，一胚珠，花柱三，有花盘。核果。常用药用植物有盐肤木、漆树等。

盐肤木 *Rhus chinensis* Mill.

野漆 *Toxicodendron succedaneum*（L.）O. Kuntze

漆树 *Toxicodendron vernicifluum*（Stokes）F. A. Barkl.

毛漆树 *Toxicodendron trichocarpum*（Miq.）O. Kuntze

青麸扬 *Rhus potaninii* Maxim.

3.7.3.36 槭树科 Aceraceae

鸡爪槭 *Acer palmatum* Thunb.

葛萝枫（槭）*Acer davidii* subsp. *grosseri*（Pax）P. C. de Jong

元宝槭 *Acer truncatum* Bunge

秀丽槭 *Acer elegantulum* Fang et P. L. Chiu

青榨槭 *Acer davidii* Franch.

蜡枝槭（安徽槭）*Acer ceriferum* Rehd.

3.7.3.37 清风藤科 Sabiaceae

垂枝泡花树 *Meliosma flexuosa* Pamp.

多花泡花树 *Meliosma myriantha* Sieb. et Zucc.

清风藤 *Sabia japonica* Maxim.

3.7.3.38 冬青科 Aquifoliaceae

木本。单叶互生，常具托叶。花单性异株，花萼和花瓣四或五，覆瓦状排列，雄蕊与花瓣同数互生，子房上位，柱头宿存。浆果状核果，具宿萼。常用药用植物有枸骨、大叶冬青等。

大叶冬青（苦丁茶）*Ilex latifolia* Thunb.

3.7.3.39 卫矛科 Celastraceae

木本。单叶，有托叶。花常两性，辐射对称，淡绿色，萼片、花瓣四或五枚，雄蕊与花瓣同数互生，子房上位，一至五室，每室一或二胚珠，花盘发达，呈各种形状。蒴果、浆果、核果或翅果,种子常具假种皮。常用药用植物有卫矛、昆明山海棠、雷公藤等。

卫矛 *Euonymus alatus*（Thunb.）Sieb.

大芽南蛇藤 *Celastrus gemmatus* Loes.

南蛇藤 *Celastrus orbiculatus* Thunb.

中华卫矛（矩叶卫矛）*Euonymus nitidus* Bentham

3.7.3.40 省沽油科 Staphyleaceae

野鸦椿 *Euscaphis japonica*（Thunb.）Dippel

省沽油 *Staphylea bumalda* D C.

3.7.3.41 黄杨科 Buxaceae

顶花板凳果（三角咪）*Pachysandra terminalis* Sieb. et Zucc.

3.7.3.42 鼠李科 Rhamnaceae

木本。多具刺。单叶,常互生,有托叶。花常两性,淡绿色,五基数,雄蕊与花瓣对生,子房上位,花盘发达,填满萼筒或贴生在萼筒上。核果、坚果、浆果或蒴果,基部具宿萼。常用药用植物有枳椇、大枣、酸枣等。

皱叶鼠李 *Rhamnus rugulosa* Hemsl.

山鼠李 *Rhamnus wilsonii* Schneid.

多花勾儿茶 *Berchemia floribunda*（Wall.）Brongn.

枣 *Ziziphus jujuba* Mill.

3.7.3.43 葡萄科 Vitaceae

藤本,具卷须,常与叶对生。单叶,少复叶,有托叶。花序与叶对生,花小,辐射对称,绿色,花瓣分离或顶端粘合成帽状,雄蕊四至五,与花瓣对生,子房上位,二室,花盘发达。浆果。常用药用植物有白蔹、乌蔹莓、地锦等。

地锦（爬山虎）*Parthenocissus tricuspidata*（Sieb. et Zucc.）Planch.

异叶地锦（异叶爬山虎）*Parthenocissus dalzielii* Gagnep.

葡萄 *Vitis vinifera* L.

网脉葡萄 *Vitis wilsoniae* H. J. Veitch

异叶蛇葡萄 *Ampelopsis glandulosa* var. *heterophylla*（Thunberg）Momiyama

3.7.3.44 椴树科 Tiliaceae

木本或草本。叶常不等侧。花两性,稀单性,花萼五(三至四),花瓣五,覆瓦状或不存在,基部常有腺体,雄蕊多数,分离或连生成囊。子房二至多室,胚珠多数。蒴果、核果、浆果或翅果。

糯米椴 *Tilia henryana* Szyszyl. var. *subglabra* V. Engl.

粉椴 *Tilia oliveri* Szyszyl.

3.7.3.45　瑞香科 Thymelaeaceae

木本。单叶,全缘,无托叶。花辐射对称,花萼呈花瓣状,合生成钟状或管状,常四裂,花瓣退化,雄蕊常八,二轮,生于花萼管上,无花丝,子房上位,常一室,一胚珠,具花盘。浆果、坚果或核果。常用药用植物有沉香、芫花等。

结香 *Edgeworthia chrysantha* Lindl.

多毛荛花 *Wikstroemia pilosa* Cheng

3.7.3.46　胡颓子科 Elaeagnaceae

木本。全株被银色或褐黄色盾状或星芒状鳞片。单叶,常互生,全缘,无托叶。花辐射对称,花萼合生,常四裂,无花瓣,雄蕊四枚,与萼裂片互生,近无花丝,子房下位,一室,一胚珠。坚果,外面包有肉质花萼管。常用药用植物有胡颓子等。

长柄胡颓子 *Elaeagnus delavayi* Lecomte

胡颓子 *Elaeagnus pungens* Thunb.

长萼木半夏 *Elaeagnus multiflora* Thunb. var. *siphonantha* (Nakai) C. Y. Chang

3.7.3.47　堇菜科 Violaceae

草本。单叶互生,有托叶。花常两性,两侧对称,花柄有二枚小苞片,花萼五,花瓣五,下面一枚较大,基部成囊距,药隔延伸于药室外,肥大,子房上位,侧膜胎座。蒴果。常用药用植物有紫花地丁。

鸡腿堇菜 *Viola acuminata* Ledeb.

心叶堇菜 *Viola yunnanfuensis* W. Becker.

长萼堇菜 *Viola inconspicua* Bl.

如意草(堇菜) *Viola arcuata* Bl.

萱 *Viola moupinensis* Franch.

3.7.3.48　旌节花科 Stachyuraceae

木本。髓心白色。单叶互生,有托叶。总状或穗状花序腋生,下垂,苞片二,花辐射对称,花萼和花瓣各四,雄蕊八,花丝细,子房上位,四室。浆果,种子具假种皮。

中国旌节花 *Stachyurus chinensis* Franch.

3.7.3.49　葫芦科 Cucurbitaceae

草质藤本,具螺旋状卷须。单叶互生,常掌状分裂或鸟趾状复叶。花单性,辐射对称;花萼和花冠裂片五,稀为离瓣花冠;子房下位,由三心皮组成一室,侧膜胎座。瓠果。常用药用植物有栝楼、绞股蓝、罗汉果、冬瓜子、木鳖子、丝瓜络、葫芦等。

斑赤瓟 *Thladiantha maculata* Sav.

南赤瓟 *Thladiantha nudiflora* Hemsl. ex Forbes et Hemsl.

绞股蓝 *Gynostemma pentaphyllum*（Thunb.）Makino.

光叶绞股蓝 *Gynostemma laxum*（Wall.）Cogn.

3.7.3.50　柳叶菜科 Onagraceae

谷蓼 *Circaea erubescens* Franch. et Sav.

长籽柳叶菜 *Epilobium pyrricholophum* Franch. et Savat.

月见草 *Oenothera biennis* L.

3.7.3.51　山茱萸科 Cornaceae

木本。单叶对生或互生，全缘，无托叶。花两性或单性，花萼齿和花瓣四或五，雄蕊与花瓣同数互生，子房下位，二室，花柱单一，花盘生于花柱基。核果。常用药用植物有山茱萸。

灯台树 *Cornus controveras* Hemsley

楝木 *Cornus macrophylla* Wallich

四照花 *Cornus kousa* F. Buerger ex Hance subsp. *chinensis*（Osborn）Q. Y. Xiang

山茱萸 *Cornus officinalis* Sieb. et Zucc.

青荚叶 *Helwingia japonica*（Thunb.）Dietr.

3.7.3.52　五加科 Araliaceae

木本，稀多年生草本。茎有时具刺。叶多互生，常为掌状复叶或羽状复叶，少为单叶。花小，两性，稀单性，辐射对称；伞形或头状花序，或再组成圆锥状复花序，萼齿五，小形，花瓣五至十，分离；雄蕊五至十，生于花盘边缘，花盘生于子房顶部；子房下位，由二至十五心皮合生，通常二至五室，每室一胚珠。浆果或核果。常用的药用植物有人参、西洋参、三七、五加、通脱木、大叶三七、楤木、刺楸等。

常春藤 *Hedera nepalensis* K. Koch var. *sinensis*（Tobl.）Rehd.

吴茱萸五加 *Gamblea ciliata* C. B. Clarke var. *evodiifolia*（Franchet）C. B. Shang et al

黄毛楤木 *Aralia chinensis* L.

棘茎楤木 *Aralia echinocaulis* Hand. -Mazz.

竹节参 *Panax japonicus*（T. Nees）C. A. Meyer

3.7.3.53　伞形科 Umbelliferae

草本，常含挥发油。茎有纵棱，常中空。叶互生，叶柄基部扩大成鞘状，复叶或分裂，少数为单叶。复伞形花序，常具总苞片；两性花；花萼五，与子房贴生；花瓣五；雄蕊五；子房下位，花柱二，具上位花盘。双悬果，每分果有五条主棱，背腹压扁或两侧压扁。常用药用植物有当归、白芷、独活、柴胡、前胡、天胡荽、积雪草、胡荽子、明党参、羌活、小茴香、蛇床子、藁本、北沙参、野胡萝卜、阿魏等。

香根芹 *Osmorhiza aristata*（Thunb.）Makino et Yabe

鸭儿芹 *Cryptotaenia japonica* Hassk.

短毛独活 *Heracleum moellendorffii* Hance

紫花前胡 *Angelica decursiva*（Miq.）Franch. & Sav.

泽芹 *Sium suave* Walt.

椴叶独活 *Heracleum tiliifolium* Wolff

东亚囊瓣芹 *Pternopetalum tanakae*（Franch. et Sav.）Hand. -Mazz.

锯边茴芹 *Pimpinella serra* Franch. et Sav.

3.7.3.54　鹿蹄草科 Pyrolaceae

常绿草本。有细长根状茎。单叶，无托叶。花两性，辐射对称，五基数，雄蕊十枚，花丝有毛或附属物，子房上位，花柱合生，柱状，宿存。蒴果。常用药用植物有鹿衔草等。

鹿蹄草 *Pyrola calliantha* H. Andr.

水晶兰 *Monotropa uniflora* Linn.

3.7.3.55　杜鹃花科 Ericaceae

木本。单叶互生，少对生或轮生，无托叶。花两性，辐射对称，四或五基数，花萼宿存，花冠合生，雄蕊与花冠裂片同数或为其二倍，着生于花盘基部，花药常有芒状附属物，顶端孔裂，花粉常为四分体，子房上位或下位。蒴果、浆果或核果。

杜鹃（映山红）*Rhododendron simsii* Planch.

马银花 *Rhododendron ovatum*（Lindl.）Planch. ex Maxim.

云锦杜鹃 *Rhododendron fortunei* Lindl.

都支杜鹃 *Rhododendron shanii* Fang

满山红 *Rhododendron mariesii* Hemsl. et Wils.

3.7.3.56　报春花科 Primulaceae

草本。单叶互生、对生或轮生，通常有腺点，无托叶。花两性，辐射对称，萼常五裂，宿存，花冠常五裂，雄蕊与花冠裂片同数且对生，子房上位，极少半下位，特立中央胎座。蒴果。常用药用植物有过路黄等。

星宿菜（红根草）*Lysimachia fortunei* Maxim.

过路黄 *Lysimachia christinae* Hance.

矮桃（珍珠菜）*Lysimachia clethroides* Duby

黑腺珍珠菜 *Lysimachia heterogenea* Klatt

点腺过路黄 *Lysimachia hemsleyana* Maxim.

3.7.3.57　安息香科 Styracaceae

木本。有星状毛或鳞片。单叶互生，无托叶。花两性，辐射对称。花萼四至五裂，宿存，花冠四至八裂，常基部相连，雄蕊常为花冠裂片的二倍，花丝常合生成筒，子房上位，半下位或下位，三至五室。核果或蒴果。常用药用植物有安息香等。

小叶白辛树 *Pterostyrax corymbosus* Sieb. et Zucc.

野茉莉 *Styrax japonicus* Sieb. et Zucc.

玉铃花 *Styrax obassis* Sieb. et Zucc.

3.7.3.58　山矾科 Symplocaceae

木本。单叶互生，无托叶。花两性，辐射对称，萼五裂，花冠裂片与萼裂片同数或为其二倍，分裂至中部或基部，雄蕊十二至更多，着生于在花冠上，子房下位或半下位，二至五室。浆果状核果，顶端具宿萼。

白檀 *Symplocos paniculata*（Thunb.）Miq.

3.7.3.59　龙胆科 Gentianaceae

草本。叶对生，全缘，无托叶。花两性，辐射对称，花萼管状，四至十二裂，花冠四至十二裂，蕾期旋转，雄蕊与花冠裂片同数互生，着生于花冠管上，子房上位，侧膜胎座，蒴果。常用药用植物有秦艽、龙胆等。

獐牙菜 *Swertia bimaculata* Hook. f. et Thoms. ex C. B. Clarke

双蝴蝶 *Tripterospermum chinense*（Migo）H. Smith

3.7.3.60　夹竹桃科 Apocynaceae

草本、藤本或木本。有乳汁。单叶对生或轮生，无托叶。花两性，辐射对称，五基数，花冠旋转排列，喉部常有附属物，花丝极短，子房上位，一至二室，或由二个离生心皮组成。并生蓇葖果或浆果、核果。常用药用植物有罗布麻、长春花、萝芙木、络石等。

络石 *Trachelospermum jasminoides*（Lindl.）Lem.

3.7.3.61　萝藦科 Asclepiadaceae

有乳汁。单叶对生，全缘；叶柄顶端常具腺体。聚伞花序；花两性，辐射对称，五基数；花冠常呈辐状或坛状；具副花冠；雄蕊五，与雌蕊贴生成合蕊柱；花丝合生成一个有蜜腺的筒包围雌蕊，称合蕊冠；花粉粒聚合成花粉块，子房上位，心皮二，离生；柱头二，顶部合生。蓇葖果。种子顶端具丝状长毛。常用药用植物有白薇、白前、香加皮、白首乌、徐长卿等。

牛皮消（白首乌）*Cynanchum auriculatum* Royle ex Wight

竹灵消 *Cynanchum inamonum*（Nexim）Loes.

蔓剪草 *Cynanchum chekiangense* M. Cheng ex Tsiang et P. T. Li

3.7.3.62　茜草科 Rubiaceae

草本或木本,有时呈攀援状。单叶对生或轮生,全缘;托叶二枚,常宿存。花两性,二歧聚伞花序排成圆锥状或头状,少单生。花辐射对称,花冠四至六裂,雄蕊与花冠裂片同数;子房下位,二心皮合生,常二室。蒴果、浆果或核果。常用药用植物有栀子、茜草、钩藤、巴戟天、白花蛇舌草、鸡矢藤等。

鸡矢藤 *Paederia fetida* L.

四叶葎 *Galium bungei* Steud.

六叶葎 *Galium hoffmeisteri* (Klotzsch) Ehrendorfer & Schonbeck-Temesyex R. R. Mill

车叶葎(林猪殃殃) *Galium asperuloides* Edgeworth

3.7.3.63　木犀科 Rubiaceae

木本。叶常对生。圆锥、聚伞花序,极少单生。花两性,辐射对称,花萼、花冠常四裂,雄蕊二枚,子房上位,二室,每室有二胚珠,花柱一。核果、蒴果、浆果或翅果。常用药用植物有连翘、女贞、白蜡树、尖叶梣等。

苦枥木 Fraxinus insularis Hemsl.

3.7.3.64　紫草科 Boraginaceae

木本或草本。单叶互生,多数有粗糙毛,无托叶。二歧或单歧蝎尾状聚伞花序;花两性,辐射对称,花萼、花冠常五裂,雄蕊与花冠裂片同数互生,子房上位,不裂或深四裂,二室,每室有二胚珠,或四室,每室一胚珠。核果或小坚果。常用药用植物有紫草等。

聚合草 *Symphytum officinale* L.

附地菜 *Trigonotis peduncularis* (Trev.) Benth. ex Baker et Moore

梓木草 *Lithospermum zollingeri* A. D C.

浙赣车前紫草 *Sinojohnstonia chekiangensis* (Migo) W. T. Wang

柔弱斑种草 *Bothriospermum zeylanicum* (J. Jacq.) Druce.

3.7.3.65　马鞭草科 Verbenaceae

木本,稀草本,常具特殊的气味。叶常对生,无托叶。花序各式;花两性,常两侧对称;花萼四至五裂,宿存;花冠高脚碟状,偶钟形或二唇形,常四至五裂;雄蕊四,二强,少五或二枚,着生于花冠管上;具花盘;子房上位,全缘或稍四裂,心皮二,二或四室,花柱顶生,柱头二裂。核果或浆果状核果。常用药用植物有马鞭草、大青、紫珠、豆腐柴、黄荆、牡荆、蔓荆等。

日本紫珠 *Callicarpa japonica* Thunb.

窄叶紫珠 *Callicarpa membranacea* Chang

3.7.3.66　唇形科 Labiatae

草本,稀木本,多含挥发性芳香油。茎四方形。叶对生或轮生。轮伞花序,常再组成总状、穗状或圆锥状的混合花序;花两性,两侧对称;花萼五裂,宿存;花冠五裂,唇形,少为假单唇形或单唇形,雄蕊四,二强,或退化为二枚;花盘下位,肉质,全缘或二至四裂;子房上位,二心皮,通常四深裂形成假四室,花柱基生。四枚小坚果。常用药用植物有益母草、丹参、黄芩、薄荷、紫苏、香薷、荆芥、夏枯草、广藿香、连钱草、半枝莲、金疮小草、断血流、荔枝草等。

荨麻叶龙头草 *Meehania urticifolia*（Miq.）Makino

野芝麻 *Lamium barbatum* Sieb. et Zucc.

石荠苎 *Mosla scabra*（Thunb.）C. Y. Wu et H. W. Li

硬毛地笋 *Lycopus lucidus* Turcz. var. *hirtus* Regel

金疮小草 *Ajuga decumbens* Thunb.

活血丹(连钱草) *Glechoma longituba*（Nakai）Kupr.

宝盖草 *Lamium amplexicaule* L.

牛至 *Origanum vulgare* L.

紫苏 *Erilla frutescens*（L.）Britt.

野香草 *Elsholtzia cyprianii*（Pavol.）S. Chow ex P. S. Hsu

风轮菜 *Clinopodium chinense*（Benth）O. Ktze.

3.7.3.67　茄科 Solanaceae

草本或灌木,稀乔木。单叶互生,有时呈大小叶对生状,稀为复叶。花单生、簇生或成聚伞花序;两性花,辐射对称;花萼常五裂,宿存,果时常增大;花冠成钟状、漏斗状、辐状或高脚碟状;子房上位,二心皮二室,有时因假隔膜而成四室,中轴胎座。浆果或蒴果。常用药用植物有曼陀罗、枸杞、龙葵、酸浆等。

白英 *Solanum lyratum* Thunb.

江南散血丹 *Physaliastrum heterophyllum*（Hemsl.）Migo.

野海茄 *Solanum japonense* Nakai.

3.7.3.68　玄参科 Scrophulariaceae

草本,少为灌木或乔木。叶多对生。总状或聚伞花序;花两性,常两侧对称,花萼四至五裂,宿存;花冠四至五裂,多少呈二唇形;冠生雄蕊常四枚,二强,稀二或五枚;子房上位,二心皮二室,中轴胎座。蒴果,稀为浆果,常具宿存花柱。种子多数。常用药用植物有玄参、地黄、胡黄连、阴行草、洋地黄、仙桃草等。

山萝花 *Melampyrum roseum* Maxim.

通泉草 *Mazus pumilus*（N. L. Burman）Steenis

弹刀子菜 *Mazus stachydifolius*（Turcz.）Maxim.

3.7.3.69　车前科 Plantaginaceae

车前 *Plantago asiatica* L.

平车前 *Plantago depressa* Willd.

3. 7. 3. 70　忍冬科 Caprifdiaceae

多单叶对生,常无托叶。聚伞花序;花两性,辐射对称或两侧对称;花萼四至五裂;花冠管状,通常五裂,有时二唇形;子房下位,二至五心皮合生,常为三室,每室一胚珠。浆果、核果或蒴果。常用药用植物有金银花、接骨草、接骨木等。

蝴蝶戏珠花 *Viburnum plicatum* Thunb. f. *tomentosum*（Miq.）Rehd.

桦叶荚蒾 *Viburnum betulifolium* Batal.

衡山荚蒾 *Viburnum hengshanicum* Tsiang ex Hsu

茶荚蒾 *Viburnum setigerum* Hance

合轴荚蒾 *Viburnum sympodiale* Graebn.

下江忍冬 *Lonicera modesta* Rehd.

盘叶忍冬 *Lonicera tragophylla* Hemsl.

半边月 *Weigela japonica* Thunb. var. *sinica*（Rehd.）Bailey

3. 7. 3. 71　败酱科 Valerianaceae

草本,具强烈气味。叶对生,无托叶。聚伞花序;花萼与花冠均合生,三至五裂,雄蕊三或四枚,生于花冠筒上,子房下位,三室,仅一室发育。翅果状瘦果。常用药用植物有甘松、墓头回、败酱草、缬草等。

攀倒甑(白花败酱) *Patrinia villosa* Juss.

少蕊败酱(斑花败酱) *Patrinia monandra* C. B. Clarke

墓头回(异叶败酱) *Patrinia heterophylla* Bunge

宽叶缬草 *Valeriana officinalis* L. var. *latifolia* Miq.

3. 7. 3. 72　桔梗科 Campanulaceae

草本,常具乳汁。单叶互生或对生,少轮生,无托叶。花单生或成各种花序;花两性,辐射对称或两侧对称;花萼五裂,宿存;花冠常钟状或管状,五裂,稀二唇形;雄蕊五枚,分离或合生;子房下位或半下位,常三心皮合生成三室,中轴胎座。蒴果,稀浆果。常用药用植物有桔梗、南沙参、党参、半边莲、荠苨、四叶参等。

袋果草 *Peracarpa carnosa*（Wall.）Hook. f. et Thoms.

羊乳(四叶参) *Codonopsis lanceolata*（Sieb. et Zucc.）Trautv

桔梗 *Platycodon grandiflorus*（Jacq.）A. DC.

华东杏叶沙参 *Adenophora petiolata* Pax et Hoffm subsp. *huadungensis*（D. Y. Hong）D. Y. Hong & S. Ge

轮叶沙参 *Adenophora tetraphylla*（Thunb.）Fisch.

沙参 *Adenophora stricta* Miq.

荠苨 *Adenophora trachelioides* Maxim.

3.7.3.73　菊科 Compositae

常为草本,稀灌木。有的具乳汁或树脂道。头状花序,外有总苞围绕,头状花序再集成总状、伞房状等;花两性;萼片常变成冠毛,或呈针状、鳞片状,或缺。花冠管状、舌状或假舌状,雄蕊五枚,聚药雄蕊,子房下位,二心皮一室,柱头二裂。连萼瘦果(由花托或萼管参与形成的果实)。头状花序的小花有同型(全由管状花或舌状花组成)和异型的(外围为舌状花称缘花;中央为管状花称盘花)。常用药用植物有野菊、红花、白术、苍术、木香、黄花蒿、牛蒡、奇蒿、艾叶、茵陈蒿、紫菀、鬼针草、天名精、蓟、刺儿菜、鳢肠、佩兰、菊三七、旋覆花、千里光、豨莶草、蒲公英、款冬、苍耳等。

泥胡菜 *Hemistepta lyrata* (Bunge) Fischer & C. A. Meyer

毛连菜 *Picris hieracioides* L.

花叶滇苦菜 *Sonchus asper* (L.) Hill

假福王草 *Paraprenanthes sororia* (Miq.) Shih

狼杷草 *Bidens tripartita* L.

菊芋 *Helianthus tuberosus* L.

向日葵 *Helianthus annuus* L.

野菊 *Chrysanthemum indicum* Linn.

毛华菊 *Dendranthema vestitum* (Hemsl.) stapf

三脉紫菀 *Aster trinervius* D. Don subsp. *ageratoides* (Turcz.) Grierson

线叶旋覆花 *Inula lineariifolia* Turcz.

烟管头草 *Carpesium cernuum* L.

奇蒿 *Artemisia anomala* S. Moore

朝鲜艾 *Artemisia argyi* Lévl. et Van. var. *gracilis* Pamp.

南艾蒿 *Artemisia verlotorum* Lamotte

宽叶山蒿 *Artemisia stolonifera* (Maxim.) Komar.

苍术 *Atractylodes lancea* (Thunb.) D C.

鼠麴草 *Gnaphalium affine* D. Don

丝棉草 *Gnaphalium luteoalbum* (L.) Hill. & B. L. Burtt

薄雪火绒草 *Leontopodium japonicum* Miq.

鹿蹄橐吾 *Ligularia hodgsonii* Hook.

窄头橐吾 *Ligularia stenocephala* (Maxim.) Matsum. et Koidz.

蹄叶橐吾 *Ligularia fischeri* (Ledeb.) Turcz.

千里光 *Senecio scandens* Buch. -Ham. ex D. Don

林荫千里光 *Senecio nemorensis* L.

蒲儿根 *Sinosenecio oldhamianus*（Maxim.）B. Nord.

杏香兔儿风 *Ainsliaea fragrans* Champ.

山牛蒡 *Synurus deltoides*（Ait.）Nakai

毛脉翅果菊 *Pterocypsela raddeana* Maxim.

台湾翅果菊 *Pterocypsela formosana* Maxim.

车前叶香青 *Anaphalis aureopunctata* Lingelsheim & Borza var. *plantaginifolia* Chen

珠光香青 *Anaphalis margaritacea*（L.）Benth. et Hook. f.

金光菊 *Rudbeckia laciniata* L.

百日菊 *Zinnia elegans* Jacq.

大丽花 *Dahlia pinnata* Cav.

秋英 *Cosmos bipinnatus* Cav.

万寿菊 *Tagetes erecta* L.

3.7.4　被子植物门单子叶植物纲
Angiospermae Monocotyledoneae

3.7.4.1　百合科 **Liliaceae**

多为草本,常具鳞茎、根状茎、球茎或块根。单叶。花常两性,辐射对称;多为总状或穗状花序;花被片六,二轮;雄蕊六;子房上位,三心皮合生,三室,中轴胎座,每室胚珠常多数。蒴果或浆果。常用药用植物有百合、黄精、玉竹、麦冬、重楼、薤白、韭、大蒜、芦荟、知母、天门冬、铃兰、萱草、玉簪、万年青、菝葜、土茯苓、老鸦瓣、藜芦等。

粉条儿菜 *Aletris spicata*（Thunb.）Franch.

阔叶山麦冬 *Liriope muscari*（Decne.）L. H. Bailey

紫萼 *Hosta ventricosa*（Salisb.）Stearn

萱草 *Hemerocallis fulva*（L.）L.

多花黄精 *Polygonatum cyrtonema* Hua

长梗黄精 *Polygonatum filipes* Merr. ex C. Jeffrey et McEwan

油点草 *Tricyrtis macropoda* Miq.

管花鹿药 *Maianthemum henryi*（Baker）LaFrankie

白背牛尾菜 *Smilax nipponica* Miq.

华东菝葜 *Smilax sieboldii* Miq

宽叶重楼 *Paris polyphylla* Sm. var. *latifolia* Wang et Chang

狭叶重楼 *Paris polyphylla* Sm. var. *stenophylla* Franch.

七叶一枝花 *Paris polyphylla* Smith

安徽贝母 *Fritillaria anhuiensis* S. C. Chen et S. F. Yin

荞麦叶大百合 *Cardiocrinum cathayanum*（Wils.）Stearn

百合 *Lilium brownii* F. E. Brown var. *viridulum* Baker

天门冬 *Asparagus cochinchinensis*（Lour.）Merr.

牯岭藜芦（天目藜芦）*Veratrum schindleri*（Baker）Loes. f.

卷丹 *Lilium tigrinum* Ker Gawler

条叶百合 *Lilium callosum* Sieb. et Zucc.

3.7.4.2　薯蓣科 Dioscoreaceae

缠绕性草质藤本,具根状茎或块茎。单叶或掌状复叶,具网状脉,叶柄扭转。花小,辐射对称,单性异株,少同株;穗状、总状或圆锥花序生于叶腋;花被六,基部常合生;雄蕊六;子房下位,三心皮三室,每室胚珠二枚,花柱三。蒴果具三棱形翅。种子常具翅。常用药用植物有薯蓣、草薢、黄独、穿龙薯蓣等。

黄独 *Dioscorea bulbifera* L.

纤细薯蓣 *Dioscorea gracillima* Miq.

薯蓣 *Dioscorea polystachya* Turczaninow.

日本薯蓣 *Dioscorea japonica* Thunb.

3.7.4.3　鸭跖草科 Commeliaceae

草本。茎细长,常匍匐,有时缠绕。单叶互生,全缘,有明显的叶鞘。花两性,萼片三,宿存,花瓣三,雄蕊六枚,两型,不育雄蕊二至数枚,子房上位,二至三室。蒴果。常用药用植物有鸭跖草、饭包草等。

鸭跖草 *Commelina communis* L.

3.7.4.4　禾本科 Gramineae

多为草本,竹类为木本。地上茎称秆,节和节间显著,节间常中空。单叶互生,二列,叶片狭长,具明显平行脉;叶鞘抱秆,常一侧开裂,花小,常两性,由一至多朵组成小穗,再排成穗状、总状或圆锥状;总苞片称内颖、外颖,小苞片称内稃、外稃,退化花被片为浆片,雄蕊常三枚,花药丁字着生;子房上位,二至三心皮,一室一胚珠,花柱二,柱头常呈羽毛状。颖果。常用药用植物有薏苡、淡竹叶、竹、白茅、小麦、玉蜀黍、粟、小麦等。

毛竹 *Phyllostachys edulis*（Carr.）J. Houzeau

广序臭草 *Melica onoei* Franch. et Sav.

早熟禾 *Poa annua* L.

雀麦 *Bromus japonicus* Thunb. ex Murr.

马唐 *Digitaria sanguinalis*（L.）Scop.

狗尾草 *Setaria viridis* （L.）Beauv.

五节芒 *Miscanthus floridulus* （Labill.）Warb. ex Schum et Laut.

白茅 *Imperata cylindrica* （L.）Beanv.

荩草 *Arthraxon hispidus* （Thunb.）Makino

芦苇 *Phragmites australias* （Cav.）Trin. ex Stend.

柯孟披碱草(鹅观草) *Elymus kamoji* （Ohwi）S. L. Chen

蚓子草 *Leptochloa panicea* （Retz.）Ohwi

乱子草 *Muhlenbergia huegelii* Trin.

假俭草 *Eremochloa ophiuroides* （Munro）Hack.

毛秆野古草 *Arundinella hirta* （Thunb.）Tanaka

3.7.4.5　天南星科 Araceae

多年生草本,常具块茎或根状茎。单叶或复叶,多基生,网状脉,叶柄基部常具膜质鞘。花小,两性或单性,肉穗花序,具佛焰苞;单性花同株(同序)或异株,无花被,同序者雌花群在下部,雄花群在上;两性花常具花被片四至六,鳞片状,雄蕊与花被片同数且对生;雌蕊子房上位,浆果,密集于花序轴上。常用药用植物有半夏、天南星、石菖蒲、菖蒲、千年健、独角莲等。

金钱蒲(石菖蒲) *Acorus gramineus* Soland.

鄂西南星(云台南星) *Arisaema dubois-reymondiae* Engl.

一把伞南星 *Arisaema erubescense* （Wall.）Schott

灯台莲 *Arisaema bockii* Engler

半夏 *Pinellia ternata* （Thunb.）Breit.

3.7.4.6　姜科 Zingiberaceae

多年生草本,有芳香气。叶常二列,有叶鞘和叶舌。花两性,两侧对称;花被片六,外轮萼状,常合生成管,内轮花冠状,上部三裂,位于后方的一片常较两侧的大,下部合生成管;退化雄蕊二或四枚,其中外轮的二枚为侧生退化雄蕊,内轮的二枚联合成显著而美丽的唇瓣;能育雄蕊一枚,花丝具沟槽。子房下位,三心皮三室,中轴胎座,胚珠多数;花柱细长,被能育雄蕊的花丝槽包住。蒴果,三裂,少为浆果状。种子有假种皮。常用药用植物有姜黄、莪术、郁金、姜、砂仁、草果、高良姜、白豆蔻、益智、草豆蔻等。

蘘荷 *Zingiber mioga* （Thunb.）Rosc.

3.7.4.7　兰科 Orchidaceae

多年生草本,陆生、附生或腐生。具根状茎、块茎或球茎,叶常互生,二列或螺旋状排列,基部常有鞘。花两性,两侧对称;花被片六,二轮,外轮三片称萼片,内轮侧生的二片称花瓣,中间的一片称唇瓣,位于下方,呈各种形状和色彩;雄蕊与花柱合生成合蕊柱,与唇瓣对生,能育雄蕊常一枚,生于蕊柱顶端,花粉粒结合成花粉块;子房下位,常作 180°扭转,三心皮一室,侧膜胎座。蒴果,种子极多,微小粉状,无胚乳。常用药用植物有天麻、石斛、白及、独蒜兰、绶草等。

扇脉杓兰(阴阳扇) *Cypripedium japonicum* Thumb.

天麻 *Gastrodia elata* Bl.

银兰 *Cephalanthera erecta* (Thunb. ex A. Murray) Bl.

金兰 *Cephalanthera falcata* (Thumb. ex A. Murray) Bl.

蕙兰 *Cymbidium faberi* Rolfe

斑叶兰 *Goodyera schlechtendaliana* Rchb. f.

杜鹃兰 *Cremastra appendiculata* (D. Don) Makino

山珊瑚 *Galeola faberi* Rolfe

春兰 *Cymbidium goeringii* (Rchb. f.) Rchb. f.